高等学校动画与数字媒体专业"全媒体"创意创新规划教材

编 委 会

主　任：
　　曹　雪　汤晓颖

副主任：
　　廖向荣　李　杰　甘小二　金　城　阙　镭

委　员：
　　（按姓氏拼音顺序排序）
　　安海波　蔡雨明　陈赞蔚　冯开平　冯　乔
　　何清超　贺继钢　黄德群　纪　毅　汪　欣
　　王朝光　徐志伟　张　鑫　周立均

自 序

一、本书立意

3D Mapping 是当代先进的投影技术，几乎可以让任何物体的表面呈现出动画效果，如汽车表面、建筑物表面、雕像表面等，以实现物体与动画的完美融合，产生强烈的视觉冲击力。3D Mapping 投影系统是集成硬件平台及专业显示设备的综合可视化系统工程，包括展示对象、投影仪、高级仿真图形计算集群及相关辅助配件等，用于产生具备高度真实感、立体感的 3D 场景，再配上音乐与声音特效，能达到震撼的现场效果。如果投射画面到建筑物上来创造超现实的景象，可以为各地的标志性建筑披上华丽外衣，让观众感受到奇幻和震撼的视觉效果。

3D Mapping 作为当今数字艺术表现的新颖手段之一，教学内容包含主题思路策划、内容制作、音画合成、软件技术、投影呈现等多个环节，涉及文学、艺术、音乐、技术和工程等多门学科知识的交叉融合，提供创意思维、故事演绎、团队合作与专业技能等综合实践能力训练，为后期多门课程提供知识与能力支撑。本书除介绍 3D Mapping 内容制作的相关理论与制作流程的知识外，还梳理了相关行业的最新创作成果与发展动态，帮助读者拓宽视野，了解和掌握相关业态信息。

近年来，国内多所院校相继设立了数字媒体艺术与设计相关专业，而"光影艺术设计"专业课程的教材并不多见。本书以开发学生的创造性思维为教学原则，合理应用当代数字媒体技术，以探索多元的创意方法与高效的制作流程为教学内容，为新时代数字媒体艺术的教学研究与创作实践提供有益参考。

因此，本书的定位是 3D Mapping 光影艺术设计的专业基础教材，目的是让读者在掌握光影构成表现形式的基础原理与方法的前提下，能在创作思维、故事构思创意、表现形式、媒介手段、综合能力上得到进一步的深化与提高。

在内容结构上，光影艺术设计的课程教学设置应尽可能做到以下几点。

（1）课程教学以开发学生的创作思路训练为重点，重视方法的教学和原理的分析，以启发学生创造性思维及独特的构思意念为教学目标。

（2）在课程实践环节，引导学生注重实验精神的演绎，尽可能打破常规意识，挑战自我，在创作实验中不断发现、开拓、创造媒体艺术的新表现语言，以期获得新的视觉体验。

（3）在课题制作过程中，注重技术因素与工作流程的相互融合，探索以创新成果为导向的学习思路，细分学习目标，层层推进，确保高质量产出，做到提质增效。

二、本书特色

1. 专业性

3D Mapping 光影艺术设计这门课程自 2012 年在广州美术学院数字媒体艺术专业设立开始，就作为专业教学框架中的核心课程，承担从专业基础课程到设计应用课程之衔接与拓展功能，既要把一年级设计美学、设计思维、创意表达等通识基础与二年级交互技术、数字技术、影像设计等专业技能融会贯通，又要为三、四年级专业设计课程的整合应用提供良好的创意思维、信息整合与专业制作的全方面能力训练预演，实现专业教学框架中艺术创意与技术呈现整合拓展的教学目标。

2. 实用性

本书旨在整合梳理课程教学、实践教学与专业拓展等多种资源，设计若干知识点共同构成符合教学流程的课程体系。每章都安排课题思考与实践，让读者可以从课程中获得设计创意、设计流程的知识并进行具有实战价值的课题训练。两位作者在创意教学、课程内容、教学过程与实践指导等方面拥有多年教学经验，成果丰硕，同时给出教学过程中的问题思考与反馈，力求为读者提供直接、全面的学习参考。

3. 产业性

3D Mapping 作为一种新兴的投影技术，是通过空间映射将 2D 或 3D 数字艺术内容投影到物体表面的视觉化、动态化的呈现技术，在商业展演、品牌营销、公共艺术、文化旅游、文教医疗等多个领域得到了广泛应用。书中的大量创作实践内容有助于读者进一步了解行业信息，得到多维度的学习体验。

本书汇集了作者多年的教学改革与实践，展示了大量教学实践成果和行业创意成果，由此形成专业性、实用性及产业性的内容特色。

三、本书结构与方法

第 1 章以"3D Mapping 艺术发展概况"为内容，分 3 节：3D Mapping 的发展概况、技术特点和软硬件。希望读者能够将相关数字媒体技术、互动软件、硬件设备知识吸收并运用于光影艺术设计的创作实践中去。

第 2 章以"3D Mapping 艺术特点"为内容，分 4 节：媒介综合性、形态多样性、艺术性与美学价值、互动体验性。希望读者能够整合运用数字合成软件技术与艺术设计手法，构建一种行之有效的跨界表现手法。

第 3 章以"3D Mapping 艺术的课程教学"为内容，分 3 节：选题、媒介分析、内容创意。希望读者利用一定的投影材料，以投影物体的结构为基础，以视错觉原理为依据，将造型要素按照一定的形式美法则进行设计；通过对场景主角——"投影媒介"的空间形的分析，找出新媒介视觉规律、形态规律、结构规律、材料规律、美学规律及应用规律等。

第 4 章以"内容制作与作品整合"为内容，分 4 节：内容制作、作品整合、投影对位、软件合成。提高读者应用图形语言在光影艺术设计中解决空间组合、色彩搭配、材料、光影运用等实际问题的能力。

第 5 章以"作品体验与点评分析"为内容，分 3 节：作品体验、教师点评、典型案例的体验分析。让读者了解 3D Mapping 艺术作品呈现的展示效果，给自己的作品创作带来一定的启发。

第 6 章以"3D Mapping 艺术应用形式"为内容，分 3 节：3D Mapping 的投影类型、投影介质、动态交互投影。重点介绍 3D Mapping 在行业的应用形式，有助于拓宽读者的认知视野，了解新媒体艺术发展。

第 7 章以"3D Mapping 艺术应用领域"为内容，涉及商业领域、艺术领域、公共领域及文教医疗领域等。从不同的应用场景帮助读者了解 3D Mapping 艺术的发展方向和可能性。

七章针对不同的学习需求设置不同的学习要点，作为作业练习与创作构思的切入点；通过不同的思维导向的提示，引导读者逐步深入研究不同的创作方法，并在练习思考中得以实现；每章均设置一定的方法提示，使读者在作品创作方法上有依据，有循序渐进展开思路的方向，形成条理清晰的思考路径，也便于教师把握课题提出的教学知识点与教学亮点。每章均以图文并茂的形式，根据章节的要点，选择创作设计作品为教学案例并进行分析；选用作品创作过程中的构思文字、详细的思考心路记录，为读者提供创作思考的借鉴依据。最后两章通过观摩大量优秀案例加深对 3D Mapping 艺术应用形式与应用领域的理解。

本书介绍的光影艺术创作设计作品及课程作业，主要收录近 5 年来广州美术学院师生应用数字媒体技术开展数字媒体艺术的教学改革与创新所取得的教学和研究成果。本书由冯乔、周春源共同编写，编写此书的目的是希望能把师生们的最新教学积累与实践体会，与读者分享和探讨。在此，感谢为本书编写提供帮助的各位老师、研究生与本科生，他们认真严谨的工作态度与研究精神帮助作者完成了编写工作；感谢所有提供精美创意成果的学生、艺术家及创意团队，这些形式多样的创意作品大大丰富了本书的内容；感谢广东省本科高校动画、数字媒体专业教学指导委员会和电子工业出版社的支持与帮助。最后，感谢数字媒体艺术专业创始人陈小清教授长期以来的关心、鼓励和支持，不断推动数字媒体艺术专业的教学改革与创新发展。

由于作者水平有限，加之编写时间仓促，书中难免存在疏漏与错误之处，敬请读者批评指正。

冯　乔
2022 年 12 月

目 录

第7章　3D Mapping 艺术应用领域 / 174

第 ① 章

3D Mapping 艺术发展概况

本章作为先导内容，主要阐述 3D Mapping 的发展概况和技术特点，以科学性与艺术性的角度将相关知识融合并进行设计表达，学生可以将了解到的数字媒体技术、互动软件、硬件设备等相关知识灵活运用到创作实践中。

本章从技术层面出发培养艺术审美能力，在教与学的过程中不断完善教学内容，启发学生的探索性实验精神，培养学生的创造性思维，结合教学深入探索。同时，本章更加注重学生在创作过程中的延伸与扩展，探索艺术创作表达的可能性。

知识目标：

➤ 充分了解 3D Mapping 发展的知识要点，梳理知识架构，进行知识归纳与整理。

➤ 充分了解 3D Mapping 技术系统的构成知识，在理论方法上进行相关练习。

➤ 搜集相关作品资料并研究学习，分析作品的创意性与技术特点等。

理论要点：

➤ 3D Mapping 艺术创作手段与光学成像理论要点的关系。

➤ 透视原理。

➤ 计算机系统理论。

➤ 计算机交互系统理论。

1.1 3D Mapping 发展概况

投影艺术来源于 Projection Art，指设计师使用投影设备在某一媒介表面投影所创作的艺术作品来完成其表达的艺术形式。设计师通过媒介手段将现实抽象化进行创作表达，其中之一的科技与艺术产物 3D Mapping，又称 Facade Mapping，利用 3D 软件建立模型与动态影像，通过单台或多台投影仪进行空间投射，打破了原有的现实空间，以立体化影像呈现虚拟空间与实体空间的光影视觉。

17 世纪，Christian Huygens 和 Athanasius Kircher 发明了"魔术幻灯"（Magic Lantern），利用烛火把透镜上定制的内容投影到屏幕上，它成为最早的投影仪。

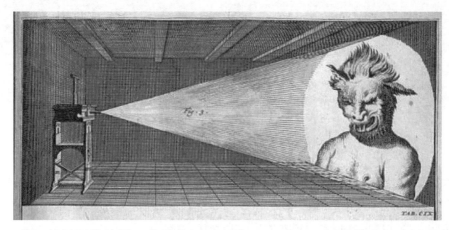

18 世纪的投影描绘器，将图像记录下来；19 世纪，摄影技术的发明使摄影成为一种艺术形式以方便人们创作；20 世纪，运动图像意识、波普运动、电子时代的到来及后现代主义的出现，逐渐模糊了艺术与科技的界限。艺术家与工程师两种思维的合作，在人们的视野中形成全新的景象。随着后期投影仪技术的发展，投影方式更加多元化。

科技媒介使艺术有了更大的公共立场，设计师可以创作出形式多样的影像作品。亚里士多德认为，想象对理解抽象概念来说至关重要，这些抽象概念超越了人类的空间和时间体验，进而对未来展开想象。雷米·查利普（Remy Charlip）作品《向罗伊·富勒致敬》（*Homage to Loie Fuller*）中，穹顶球面镜映射观众形象与展馆内的色彩，通过聚酯薄膜墙营造出反射效果，整体产生一种迷幻的运动感氛围，观众置身于真实与虚幻的混合环境之中。

1969 年，迪士尼制作的五雕塑半身像不规则投影作品 *Grim Grinning Ghosts*，使雕像呈现一种复活状态。

瓦尔特·本雅明曾指出，"每种艺术形式的历史都展示了一些重要的时期，在这些时期，艺术所追求的效果只有通过改变了的科技标准才能完全实现，即在新的艺术形式中得以实现。"数字媒体已逐渐影响并改变艺术的本质与沟通方式，以及艺术的传播方式。在此基础上，人们的观念随之改变，科技发展与艺术之间的关系，逐渐在科技建构的新世界里"流动地"前进。

1.2　3D Mapping 艺术作品的技术特点

1.2.1　3D Mapping 的核心

3D Mapping 的核心是基于 3D 模型展 UV 或者利用透视投射原理，通过实时反算技术将内容投射在实物模型上。模型场景制作完成后，反算技术通过标注参考点，将投影仪与真实场景模型相关空间内容反馈至服务器中，根据投影仪参数进行参数模拟和画面畸变，同时自动校正画面与形态融合，即使成像物体处于运动状态也能保证画面的精准呈现，使作品呈现效果更立体，贴合度更高、更趋完美。

当观众走过投影互动区域时，系统通过识别观众的动作，触发多媒体互动影像内容，让观众与画面进行实时交互，给其不同的现场体验。

1.2.2　3D Mapping 内容制作软件

3D Mapping 内容制作软件有很多种，在场景、产品、特效粒子等动态效果上常用的有 3ds Max、Maya、C4D、Blender、After Effects 等。图像对位软件有 MapMap 和 Resolume Arena 等。另外，TouchDesigner 用于实时追踪空间运动轨迹的装置并呈现出不同的图案。多种软件结合使用，可以创作出质量高与艺术性强的虚拟视频混合内容。具体如下所述。

1. 3D Studio Max

3D Studio Max 简称 3ds Max，是基于 PC 系统的 3D 动画渲染和制作软件。最初应用于计算机游戏的动画制作，之后开始参与影视片的特效制作，在 3D Mapping 内容上可用于制作场景、动画。

2. Maya

3D 动画软件 Maya 功能完善，工作灵活，制作效率高，渲染真实感强，是电影级别的高端制作软件，可与先进的建模、数字化布料模拟、毛发渲染、运动匹配技术相结合。其在 3D Mapping 内容上可用于制作场景模型、材质视效、动效、粒子特效等。

3. Cinema 4D

Cinema 4D 简称 C4D，包含建模、动画、渲染（网络渲染）、角色、粒子及新增的插画等模块，是一款功能强大的 3D 图像设计工具。C4D 拥有强大的 3D 建模功能，界面操作友好，可以提高设计效率；使用运动图形模块可以轻而易举地实现较好视觉效果的 3D 模型。C4D 内置渲染引擎，渲染速度较快。在 3D Mapping 内容上可用于制作场景、动效。

4. Blender

Blender 支持整个 3D 创作流程：建模、雕刻、骨骼装配、动画、模拟、实时渲染、合成和运动跟踪，甚至可用于视频编辑及游戏创建。在 3D Mapping 内容上可用于制作场景、动效。

5. After Effects

After Effects 是 Adobe 公司推出的一款视频处理软件，用于 2D 和 3D 合成、制作动画和视觉效果，有灵活的工作界面，结合多种插件可以完成 3D 后期、粒子流体、音画合成等多种特效。

6. MapMap

MapMap 用于面向艺术家和小型团队的投影映射，其直观的界面有助于学习并促进艺术表达。该软件可在 Windows、macOS 和 Linux 系统上使用。MapMap 使用户能够在任何表面上投影地图。MapMap 获取媒体源，让用户能将媒体操纵到不同的位置并形成不同的形状。其中，媒体源可以来自任何公认的媒体格式。

投影映射也称视频映射或空间增强现实，是一种投影技术，可将通常不规则形状的物体转换为视频投影的显示表面。这些对象可能是复杂的工业景观，如建筑物。通过使用专门的软件，一个 2D 或 3D 对象在空间上被映射到虚拟程序上，该程序模拟了要投影的真实环境。MapMap 可以与投影仪交互，将任何所需的图像拟合到对象的表面上。设计师和广告企业都经常使用这种技术，他们将额外的维度、视觉错觉和运动概念添加到静态的对象上。其中的视频通常与音频结合或由音频触发，以创建视听叙述。

MapMap 播放能力强大，视听效果震撼，适用于演唱会、舞台演出、LED 屏幕、酒店大厅、电视墙，支持台标、字幕、现场摄像机混合等专业演出。

7. Resolume Arena

Resolume Arena 是专门为调音师设计的一款 VJ 虚拟视频调音台和媒体服务器，广泛用于现场视频表演和 3D Mapping 内容制作方面。其内含异形屏对位模块，在实际教学过程中，工作面板灵活度高，可排列界面面板，并分层管理剪辑与合成文件，呈现作品视觉效果。

Resolume Arena 可以随时播放视频，快速混合和匹配视觉效果，满足 3D Mapping 视频在任何类型表面上的呈现要求，如复杂的几何结构或整个建筑物；满足 3D Mapping 视频的边缘混合，可以无缝地投影一个美丽的宽屏图像，甚至实现 360°环绕效果。

▶ 1.3 交互式 Mapping 软件技术与系统硬件设备

交互式 Mapping 基于互感系统平台，嵌入视频及触摸控制功能，不仅实现人机交互控制系统，保证实时显示、实时控制，而且有新颖的互动效果配套，同时支持多系统软件内容网络互连、数据互通，实现整体式应用体验。目前，交互式 Mapping 已成熟应用于多个博物馆、展览馆的科技展示项目，以其特殊的交互方式和多样的游戏形式、独特的艺术手段，再配合炫酷的特效，受到广大观众的喜爱。

1.3.1 摄像机捕获交互技术

摄像机捕获交互技术指通过摄像机捕捉图像，计算机图像识别程序识别图像后，进入设定检测区域的轮廓，通过图像识别计算得到轮廓边缘数据线，将该数据线通过网络方式交换到 Flash ActionScript 脚本中，Flash ActionScript 脚本程序接收数据线传来的轮廓数据和动作方向矢量数据，判断模拟场景中的情节，根据对应情况控制发生变化。例如，人进入摄像头检测区，摄像头捕捉人的图像进行图像识别，形成场景模拟交互，技术原理如下图所示。

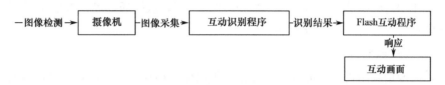

1.3.2 多点触摸交互技术

多点触摸交互技术运用红外线摄像机采集单击的位置，由数据采集卡传输到计算机中，通过影像识别软件将物理坐标转换为计算机屏幕上的逻辑坐标及控制指令，信号再通过动感演示软件系统控制投影仪播放文件，并对应识别的坐标进行多媒体演示，实现打开界面、转换画面、信息查询等控制功能，技术原理如下图所示。

1.3.3 互动投影系统硬件设备

互动投影系统硬件设备的使用主要分为信号采集与图像识别、图像处理、信息传输、投影成像几部分。

1. 信号采集与图像识别部分

信号采集是为了在技术上实现手与鼠标形成互动。因此，可根据互动需求进行捕捉拍摄，常见的捕捉设备有红外感应器、视频摄像机、热力拍摄器等。其中，红外感应器是利用红外摄像头采用 VC++ 技术对目标物体进行视频采集的常用设备，主要利用各种算法进行手形的边缘检测，如 Robert、Canny 和轮廓跟踪。图像识别通常先采用角点检测的方法得到手形的坐标，再通过底层函数实现手与鼠标的互动。

2. 图像处理部分

图像处理部分也称"控制主机"，互动感应控制主机配备专业工控机箱、专用的图形显示模块、传感控制接收模块等，配合程序控制投影仪的开关及投影区域内的互动效果。总体上说，此部分的主要任务是完成对实时采集的数据进行分析，所产生的数据与影像场景系统对接。

3. 信息传输部分

信息传输部分包括以下两部分。

（1）系统内部信号：视频信号也称影像信号，通过视频 VGA、DVI、HDMI、DP 数据线以投影的形式播放出来。

（2）控制信号：控制信号是控制主机将"命令"通过 LAN 网线传输到各执行终端设备的程序。LAN 网线搭建在现有的互动投影平台上，以增加视频支持和网络互连（将视频安排在控制面板中以供在面板上实现互动，支持多系统之间的网络互连，数据互通）、图像融合（支持多通道投影融合）功能，使观众能通过动作控制前端设备，从而实现对互动软件内容的交互式体验。

4．投影成像部分

投影成像指利用投影仪或其他显像设备把影像呈现在特定的位置。显像设备除投影仪外，还包括各种受光物体。对受光物体表面材质的要求是非黑色、非反光面（亚光面）。

1.3.4 多通道投影系统的拼接融合技术

1．应用背景

多通道投影图像融合是针对高分辨率的宽广视域的多通道平面幕、柱幕、环幕、穹幕等应用环境，形成的集成控制主机群、投影系统、图像拼接、图像融合等技术的一体化工程。主要服务于会展、企业展厅、多媒体体验厅、影院等场所。

2．技术原理

投影仪的工作原理使其无法实现像素精确定位，再加上投影显示区域的非规则问题，无缝的图像多通道投影系统在组建中一直存在如下问题：

（1）如果投影幕不是平面幕或投影仪的投影方向不正确，将导致在幕上的图像变形；

（2）多通道间图像的拼接产生白色亮带或黑缝；

（3）各台投影仪的投影、亮度、色彩等参数不一定相同；

（4）图像分辨率通常较大（图像清晰的需要），图像信号源同步与切割问题；

（5）多通道图像融合带的产生与调整问题。

EPSON teamLab 无界美术馆（图文来源：爱普生工程投影仪网站）使用的爱普生投影设备均采用 3LCD 核心技术，没有色彩分离现象，拥有较高的光利用率和色彩亮度，能实现柔和的色阶过渡，真实还原色彩，呈现清晰、明亮、生动的优质画面。与 teamLab 独创的投影系统相结合，为观赏者呈现美轮美奂的光影视觉享受。

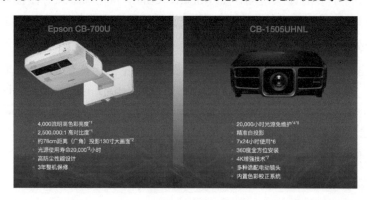

　　例如，作品《被追逐的八咫鸟、追逐同时亦被追逐的八咫鸟、超越空间》，当人们在指定的地方站立观赏时，由于投影系统使用了透视纠正技术，地板与墙壁的界线会消失，在实际的空间瓦解后，观赏者便能沉浸于作品的世界中，八咫鸟轨迹所描绘出的光线会在空间中以 3D 的形式展现。该作品展现了爱普生沉浸式投影方案，使用了22 台 6000 流明 EPSON 3LCD 激光工程投影仪，采用正投多通道融合方式投影成像，投影总面积为 88 平方米，单屏投影面积为 4 米 ×2.5 米，环境照度为 5 勒克斯，屏前照度为 240 勒克斯。

第 2 章

3D Mapping 艺术特点

洛夫乔伊在《数字潮流——电子时代的艺术》一书中提到："塞莱斯特·奥拉基亚认为，当代的身体现在正生活在一个全新模拟的环境之中，后现代个体正在经历和感知意识的重大转变，时间和空间的说法已跟不上时代。"这种新的文化结构与意识转变，对探索在更多载体与场景中的投影艺术发挥着更多的艺术表达作用。

投影艺术作为多元化的艺术表现形式，给艺术家提供更广阔的创作平台。同时，通过互动，相同空间的人群关系开始发生变化，虚拟与现实空间的融合打破了时间、空间的束缚，增强了观众的体验感，缩短了观众与作品之间的距离。

投影艺术的交互性将观众和艺术家的功能深深地交织起来，在交互过程中，艺术家的角色发生了变化，导致艺术家成为一个代理人，观众在"真实"和"虚拟"之间交互，从而成为一场大众合作的对话。

本章以"3D Mapping 艺术特点"为主题，分 4 节：媒介综合性、形态多样性、艺术性与美学价值、互动体验性。希望学生通过数字合成软件技术与艺术的综合运用构建一种行之有效的跨界表现手法。在教学实践过程中，不仅重视学生动手能力，而且重视学生的实验精神。要求学生在掌握技术的基础上，通过多种方式、多种技法的综合实验，发现最适合创作的表达方式，反复尝试寻找独特的表现语言。同时，提倡跨学科、跨领域知识的综合互补，融合技术与艺术的知识支撑作品创作。

知识目标：

➢ 掌握相关艺术形式的基本概念与特征，分析之并为相关作品创作做准备。
➢ 掌握获取信息的能力，并能综合应用。

理论要点：

➢ 数字媒体艺术概论。
➢ 艺术与视知觉理论。
➢ 交互艺术作品的交互反馈要求。

2.1 媒介综合性

3D Mapping 艺术作品将艺术融入技术表现，是艺术与科技的结合体。随着科技的发展和数字处理技术的出现，特别是借助数字媒体艺术，3D Mapping 发展得很快。其在艺术的表现方式上与传统艺术相比，具有媒介综合性的特点。参照交互艺术相关理论，这种借助多种媒介综合表现的艺术作品将会获得更好的体验模式。3D Mapping 艺术作品借助计算机技术，让艺术激发出新的活力。

在传统表现手法投影仪的实际使用中，通常投影的表面是幕布，如漫反射幕布、回归型幕布等。如今随着投影技术的发展，投影载体不再是单纯的屏幕，而投影变成以空间造型为主体的数码动画影像、互动技术、声音媒介等的综合性应用。投影中的影像打破了常规的物理空间，墙体、地面、异形立体实物等都可以作为载体进行艺术创作的表达。将起伏比较平缓的建筑表面，通过处理光影明暗、前后虚实的关系，重新营造出新的虚拟空间与层次，数字化影像与现实空间的融合打通了时间空间的束缚，增强观众的体验感，缩短了观众与作品之间的距离，以视觉、听觉、触觉、心理感受等建构起全方位的综合体验，调动观众的想象力与情绪表达，实现虚拟与真实载体的完美结合。

2.2　形态多样性

随着数字媒体技术的发展，投影结合动态数字影像，通过多元化的交互方式完成影像互动，将人面对的实际空间转化为感知领域，而人们将对生活、物体、形态等的认知与感受，转化成人机之间的交流与互动。

布拉格公共户外空间投影，借助互动与声音的变化，使得建筑经历几个变化，创造新的空间和新的可能。

3D Mapping 艺术作品的投影载体随着影像内容的创新，也突破了只以单一幕布为空间造型载体的限制，而是以自然物体、水、雾、植物体表皮等有机形态，进行作品投影，使生物体呈现新视角下的生命状态。而面对人工造型如建筑体立面、墙体、地面、异形立体实物等载体，艺术家具备通过改变空间虚实关系打破原有载体物理空间

与时间的设计理念，为其探索技术与艺术更多跨界手法、前沿性、未知性提供了更多的实验可能，创作更加灵活与多元。

▶ 2.3 艺术性与美学价值

当今全球化的时代，先进信息技术的应用与普及，现代科技手段的导入，观念的更新，艺术不再是一个瞬间，而是以开放式的艺术形式呈现出来。投影艺术作为一种表现语言，也随着科技的高速发展而不断地更新与演化，人们看待事物、获取知识及理解知识的方式也随之改变。人们获得的新颖的体验感受，不仅仅是在视觉和听觉方面的飞跃，还带来了不限于触觉的互动性的体验模式。

从单一被动的观赏模式，转变为主动交流与互动，作品不仅可以满足观众的感官体验和精神需求，还可以给大众提供交流互动的艺术空间，载体也重新被解读。

在数字媒体艺术的影响下，投影艺术提供了新的呈现方式，用新的表现手法丰富了人们的审美活动。利用技术操控真实时空场景，在不破坏原有物体的基础上，创作内容具备了多元变化性与便于移动复制性，人们通过信息技术与手段，可以更加广泛、爆炸性、碎片化地快速获取信息，不再受时间控制，创作内容具有持续性和流动性的特征，大大拓展了公共空间领域。

在创作与互动反馈的过程中，传播方式与形态也有所变化，传播速度更加快速便捷，使投影艺术改变了固有的传统做法，呈现流动变化的视觉效果。投影艺术的交互性将观众和艺术家的功能深深地交织起来，在交互过程中，艺术家的角色发生了变化，导致艺术家成为一个代理人，观众在"真实的"和"虚拟的"之间进行交互，从而形成一场大众合作的对话。

在注重表达"主角视角"和"旁观者视角"中不断切换的数字化影像似乎能打破现实物理空间的束缚，观众的认知在现实和数字虚拟空间不断地被重新定义，获得更加广阔的艺术体验。

罗中立美术馆的沐光森林"万物精灵"系列作品，以四川美术学院罗中立美术馆建筑为载体，设计光影动效，以涂鸦纹理赋予其动态生命感。

2.4　互动体验性

　　交互式媒介最早产生于 20 世纪 70—80 年代电子计算机游戏，这个领域打开了一个全新的开拓性体验空间，让构建故事形态变得完全灵活和随机。

　　传统的艺术作品常以静态呈现为主，观众与作品有一定的距离感。使用数字媒体技术与艺术重新创作后，有了更多动态和去距离化的呈现方式，从非接触式与单向传递转化为可互动式与双向触动性，由此营造逼真沉浸的数字媒体空间。

　　2010 年的上海世博会，整合声光电、空间形态、动态造型等多种表现手段；重点研究视频动画、声音效果、空间造型等多项关系相互交融的作品创作要领，突出表现具有视觉、听觉，生理、心理共感觉效应的数字媒体艺术设计作品。

　　下图所示的空间装置造型呼应整体设计思路，展示空间突出"城乡一体化"的主题概念。整个空间由大小不一的长方体状物体群组而成，象征性地代表城市的楼宇建筑群，并分成三个小主题，依次为"城乡夜景灯光"（闪动光效果）、"城市变化节奏"（律动光效果）、"城乡高速公路"（流动光效果）。三个小主题视频光效应的衔接之处，以逐渐演变为过渡，主要表现城乡之间在生产方式、生活方式和居住方式上逐步走向融合的过程。

互动效果：

（1）当观众进入此空间装置时，入口处开始出现根据观众声音频率产生的光效应；

（2）随着观众的逐步进入，静止的空间装置造型逐渐呈现一片有错落变化的声光效应景象，与观众产生互动；

（3）随着观众群的平均散开，装置将根据观众群的疏密、聚散、远近产生相应的有强弱变化的色光景象；

（4）当观众群逐渐离去时，光效应景象也逐渐减弱，跟随观众的脚步向前移动，随着观众的声音频率消失而消失，起到引导作用。

互动技术：

声控原理＋编程 LED，长方体状物体造型材料采用透明有机玻璃花纹板。

新媒体时代下，观众与作品之间具有双向性的特点，互动作品影像给予观众更多的视觉体验，同时观众与作品的互动形成更多元丰富的作品。投影互动体验艺术将数字媒体技术与艺术思维的融合，采用一种独特的展示方式呈现在大众视野里，将观众和艺术家的功能深深地交织起来。交互作品影像结合灯光、音箱等，运用多媒体方式综合创作，观众可以使用肢体语言或操控控制杆等与作品互动交流，在交互过程中，艺术家的角色发生了变化，艺术家通过设计交互机制，让观众在作品和主动参与之间进行跨时空的交流，观众在"真实的"和"虚拟的"之间做交互，可透过交互过程和感知对应的视觉内容变化而进行观念解读，观众的参与也重新塑造了作品的形态，实现了观众从接收信息的被动角色变成参与制作的主动角色，从而完成一场大众合作的对话。

马歇尔·麦克卢汉在《理解媒介：论人的延伸》一书中写到，媒介即信息，对互动影像来说，将交互机制"转译"的信息传播给受众，在不同的观念解码过程中，会产生不同的理解与观念表达，观念表达有了更多解读的可能性。因此，在以开放性的艺术呈现为特征的互动影像中，观众可以介入作品中与其互动，甚至可以改变作品的最终状态，这大大增强了人与作品之间的联系，观众通过互动过程感受作品艺术之美，也意识到事物的多元性。

下面展示广州美术学院学生三星堆 Mapping 系列作品。

1. ART MIX　作者：沈焕辉　王泽希　余懿梵　耿艺　张誉

结合三星堆头像的造型特征，以及毕加索的抽象艺术肖像作品，将立体主义怪诞生动的风格呈现在三星堆头像之上。

2．ART MIX　作者：沈焕辉　王泽希　余懿梵　耿艺　张誉

埃舍尔风格部分的 Mapping 制作，主体是以三星堆头像为载体制作的一个空间，类似埃舍尔的空间视觉艺术构成。在此基础上加入小球冒险的元素，设计的三星堆头像以埃舍尔风格的形式体现出独特的空间纵深感。

小球每去到一个空间，走过的地方都会被点亮，最后打开通往宝藏的开关，并通过升起的桥梁走到空间的中间部分得到宝藏。

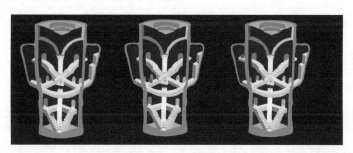

3．再生未来　作者：陈雯琪　黎尔珊　高文静　李云涛　贾晓洁　吴竟瑜

作者在三星堆青铜人面像上投射数字影像以表现未来对远古的认知，用现代赛博的风格对远古青铜人面像进行解构重塑，呈现一种相互交融、相互交叉的状态。三星堆与赛博朋克的结合是过去与现在对能力崇拜的碰撞，也是远古与未来的一场超时空对话。使用 C4D 制作画面，使用 After Effects 制作特效。

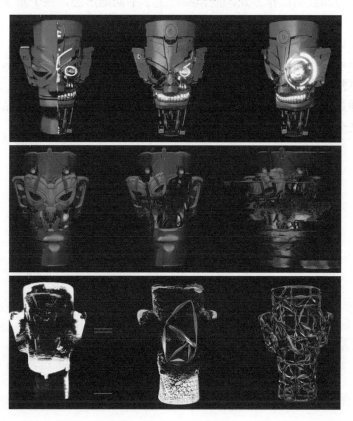

4．Nohlab 工作室作品

在互动体验设计上，通过沉浸式体验尝试在数字和物理现实之间构建桥梁。在作品设计上，模拟观众在时间、空间上动态产生的感知变化，营造一个叙事性体验，引起观众不同的情绪并参与体验。投影屏幕元素为水、空气和火，人们可以通过交互影响元素的实时视觉效果，声音也根据观众参与而发生变化。

交互式的影像呈现是 3D Mapping 艺术作品的一种体验模式，它创造了很多传统艺术作品所没有的解读方式。作品的互动性让观众成为作品创作的一部分。因此，在交互的过程中，不同的观众会与作品有不同的交互方式，最后产生的影像效果也不一样。观众的参与和互动操作方式，使作品产生了不同的形态，换个角度看，观众在一定的作品创作中，也成为参与创作的一分子。

科技的发展使数字媒体在技术和艺术的融合下，越发光彩与绚烂。科技运用多元跨界的方式推动着作品的更新与迭代，使得数字媒体作品有着传统艺术作品之外的沉浸感与交互体验，交互性在数字媒体艺术作品、创作者与观众之间建立了沟通的桥梁，体验感不仅通过视觉、听觉，还可以通过触觉和味觉来使观众感受作品的不同角度的美，带给观众全方位的美的视听感受。

第
3
章

3D Mapping 艺术的课程教学

作为当今数字艺术的表现手段之一的 3D Mapping，可以让注重融合的数字媒体专业学生接触多种工具媒介。共 64 学时的课程内容以故事与场景的编排为重点，以 2D 或者 3D 动画表现为手段。学生在课程中主要使用 C4D、After Effects、Resolume Arena 等软件实践 3D Mapping 的基本设计流程和制作技巧。

学生要在短时间内完成一个"投影"作品，4 人一组合作学习的方式有效解决了在策划、模型制作、投影实验、动画制作、后期编辑、投影对位、调试修正等流程中出现的诸多问题。本章从"选题—媒介分析—内容创意"阶段对多件作品展开阐述。在选题阶段主要确定设计作品所要表达的主题和设计目标；在媒介分析阶段需要了解各种新媒体的表现媒介和特点等，根据作品选择适合的技术并进行研究学习；在内容创意阶段根据主题确定作品的前期创意和美术风格。

知识目标：

➢ 充分利用视觉构成的原理达到 Mapping 视错觉效果。在方法上，以投影物体的"实体界面"为主体，在有限的区域内进行属性变化，如方向、位置的变化，增强形式美感。

➢ 在色彩设计上，利用色彩构成的色彩空间表现原理达到视觉的画面效果。和谐的色调可表现特定的主题性情感。

➢ 分析投影物体的结构特性，设计不同的表现风格。

理论要点：

➢ 点与体块构成的实际应用，制造物体的"界面"。不同的界面特性产生不同的"光影"。

➢ 线、面构成"界面"，利用光影巧妙转换"界面"与特性。

➢ "投影实物"与"虚拟物体"的透视规律必须一致。

3.1 选题

选题阶段要求学生根据投影装置这一媒介思考并选定作品的主题，同时明确设计目标。由教师在课堂上提出一个大致选题范围，学生在规定范围内选择和研究，自行搜集优秀的投影装置艺术作品，分析其创作原理、创作形式、运用的载体等，最终选定作品主题。此阶段侧重引导学生进行新媒体相关资料的积累与研究，了解投影装置这一媒介的作品创作特点，加深学生对新媒体艺术装置的认识。

案例 3-1 折扇 作者：陈伊格 刘道奇 贺心悦 俞廷辉 欧阳婷

选题思路：

折扇又名"聚头扇"，收则折叠，用则散开，故又称为"撒扇"，有"散子"的含义，一般我国古代传统婚礼及求爱时会将制作精美的扇子作为礼品相送。因此，将这个带有浪漫色彩的元素通过对它轮廓形状的联想，描绘"梁祝"两人化蝶后，过奈何桥看遍世间繁华最终厮守终生的扇中畅想。

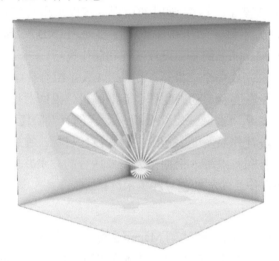

具体设计方法：

场景一的思路：折扇徐徐展开，墨汁滴落，墨迹渐渐晕染出花草水墨画及梁祝爱情故事的凄美诗词。象征着主人公的两只蝴蝶忽然挥舞着翅膀，由折扇上的静态画像变成动态影像，飞出扇子的画面，在空间里缠绵、飞舞、交织。

场景二的思路：蝴蝶飞出后逐渐变成光点，光点缠绕交叠，变成墨滴向下滴落晕染成两只水墨形态的鱼儿。同时，扇子在雾中消散，幻化成水墨拱桥（奈何桥，意味着转世），鱼儿从桥下向深处游去，渐隐（桥下水面的场景：微微的水波荡漾，莲花朵朵，淅淅沥沥的小雨）。

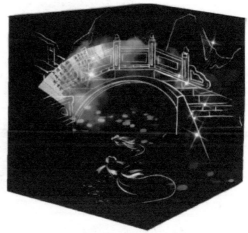

场景三的思路：一阵烟雾后拱桥消失，光边勾勒出扇形窗户的边框，渐渐变成白色木制框（窗户意味着思念）。以窗框景，先展现框中的部分纸雕场景，窗格间的空隙透漏出时隐时现的景色，半遮半掩之间，恰有"犹抱琵琶半遮面"的含蓄之美。场景再慢慢向外扩散，景物前推，丰富且有层次感的纸雕场景布满整个空间，以四季不同色彩的场景交替变换，代表着经历了漫长的岁月轮回。

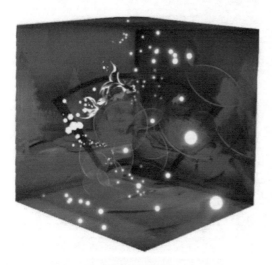
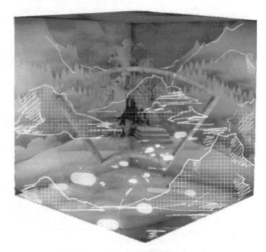

场景四的思路：纸雕场景逐渐向内聚拢，回到花窗中，窗户慢慢淡化消失，又变回折扇（从扇骨逐渐勾勒出扇子的形状），蝴蝶从外部空间飞回扇子，重新变成水墨画像，最终以扇子聚拢的形式来结束画面。

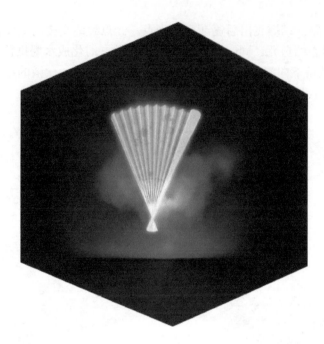

案例 3-2　纸飞机　作者：方灵　谢洁莹　姜欣宇　李思铭

选题思路：

一架从相框中穿越而出的纸飞机，打破了二维世界与三维世界的界限。相框内的小男孩好奇地踏入三维世界，然而主人突然回来，正被新事物所吸引的小孩会被发现吗？

具体设计方法：

场景一的思路：一架纸飞机从相框中穿越而出，二维世界与三维世界的界限被打破。相框内的小男孩好奇地踏入三维世界，故事由此开始。

　　场景二的思路：黄昏的光线慢慢落在桌面的相框上，相框中原本定格的小男孩坐在小树林前的草地上开始摆弄手中的纸飞机。

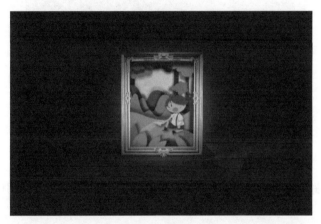

　　场景三的思路：小男孩玩耍着，将纸飞机丢来丢去，纸飞机撞上相框的边缘便被弹了回来。小男孩将纸飞机捡起再次扔向前方，惊讶地发现纸飞机冲出了相框。

　　场景四的思路：小孩小心翼翼地移动脚步试探着走出相框，神奇地发现自己来到了另一个世界。

场景五的思路：小男孩转过身的时候，身后的相框变成一扇窗户，无数光点从窗户涌出来。

场景六的思路：小男孩追逐着光点跑出画面。纸飞机准备飞回相框，画面定格。

案例 3-3　病毒滋生　作者：陈薪全　李欣茵　丛慧媛　王泽希　杨思颖

选题思路：

参考了病毒的进化与传播的过程及人们对病毒的看法，用不同的表现手法表达了这个过程。希望能传播一种积极向上的能量，就是人类能够战胜病毒。设计思路是病毒的"产生—变异—传播—消散"。

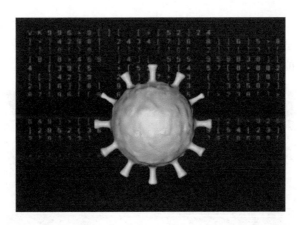

具体设计方法：

场景一的思路："病毒的产生"。有机物、无机物、碳元素等相遇，开始出现汇集的苗头，并发生反应，能量聚集，进而形成病毒的初始形状，接着出现热带地区很多动物的身上也携带着这种病毒的画面。

场景二的思路："病毒的变异"。温度逐渐上升，病毒疯狂地分裂与传播。画面上，多个分裂的病毒开始向中间聚集，形成一个大病毒。

场景三的思路：人们出门逛街游玩，此时病毒已经在人与人之间迅速地传播开来。人们开始感受到不适，戴上了口罩。画面背景开始扭曲，多个大针管从四角插进中间的大病毒中，注入黄色的"能量"。

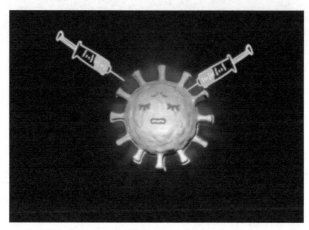

场景四的思路：中间的大病毒被填满了太阳光，然后变成了"太阳脸"。紧接着，周围的紫色病毒也消散了，说明病毒被阳光消灭了。

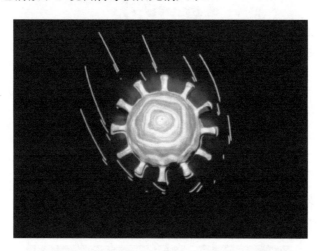

案例 3-4　在劫难逃　作者：杨锐汾 李组璇 李智 余浩然

选题思路：

传达对生命的尊重和珍惜，希望人们提高对人格障碍者的关注度，同时向人格障碍者表达我们对他们的爱、理解及帮助，我们希望他们能够勇敢地突破自己内心的障碍，拥抱世界，拥抱生命。

作品以玻璃罩作为载体进行 3D Mapping 创作，玻璃罩隔离了内部与外部的空间，内部的小球被困，因此它开始一步步地逃离自救。困在玻璃罩中的小球隐喻着人格障碍者无法逃离内心的阻碍，玻璃罩代表一种内心的屏障，主体处于玻璃罩中能够看到外面的空间却始终无法逃出，就像人格障碍者看见世界的美好却始终无法融入。

具体设计方法：

场景一的思路："入水"。小球坠入水中，掉入玻璃罩中（牢笼之中），它开始一步一步自救，球体旋转扭曲以表达其内心的挣扎。

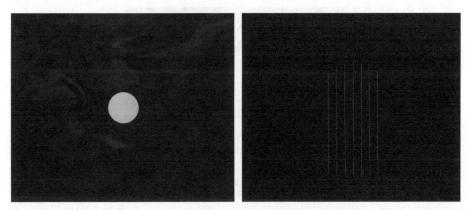

场景二的思路："撕裂"。小球分裂出许多小群体，猛烈撞击玻璃罩，仿佛想要撞破逃出。

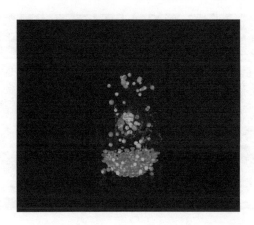

场景三的思路："迷雾"。飞速运动的小球升华扩散成迷雾状态，在玻璃罩内四处飞窜却逃不出去。

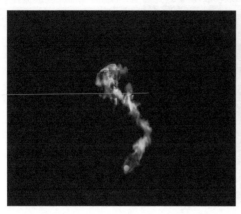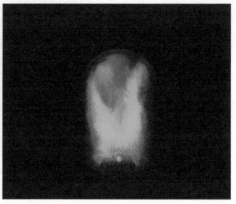

场景四的思路："挣扎"。表现神经系统反应性过强的状态。玻璃罩中的气雾迅速扩张，形成气泡状，不断向玻璃罩外挤出，随之气泡破裂，玻璃罩化为布料束缚包裹住小球。

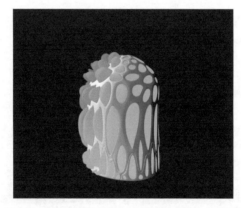

场景五的思路："逃离"。被束缚住的小球挣脱束缚，在黑暗中摸索出路，伴随碰壁的声音镜头拉远，发现小球处于更大的玻璃罩当中，层层叠套，仿佛在劫难逃。

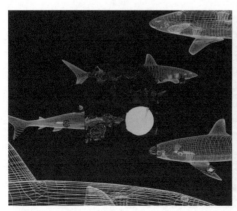

案例 3-5　键盘　作者：罗杰中　陈铿升　郭荣毅　富贝勒　李锦辉

选题思路：

作品反映当下互联网负面能量不断增强的现象，唤起人们对互联网环境的反思。夜晚键盘意外连上互联网，开始网络世界的探索之旅，却不慎踏入网络的污水中，从此键盘开始充满戾气，并不断将负面情绪散播至世界各地。最终键盘被自己的负面力量所吞噬，毁灭于黑洞中。

具体设计方法：

场景一的思路：一个伸着懒腰正要关计算机准备离开的人，为键盘的出现埋下伏笔。

场景二的思路：屏幕逐渐变暗，画面通过线条勾勒键盘的轮廓，逐渐以点、线、面的形式激活键盘从一维到二维的转换，使键盘逐渐变成视觉中心。

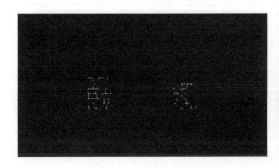

场景三的思路：画面用富有科技感、未来感的线条和颜色从视觉中心处的键盘往外扩散，营造一种穿梭时空的感觉，表现键盘开始了网络世界的探索之旅。

场景四的思路：键盘成为转场的界面，在网络世界中，键盘上方变化着不同城市的剪影，键盘不断输出各种文字，寓意"键盘侠"无处不在，并影响着世界各地。

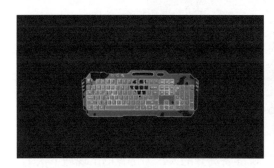

场景五的思路：再次转换场景，键盘破裂并形成旋涡状物质交织在一起最后消失，表示键盘不慎踏入了网络的污水中。

场景六的思路：键盘再次出现时上面的按键已经零散破碎，键盘充满戾气，被自己的负面能量所吞噬，迷失了自己。

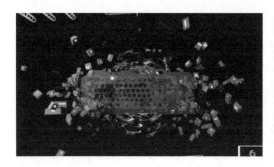

🀙 案例 3-6　爱喝可乐　作者：张诗晨　熊旖　罗君彦　钟珊琪　沈焕辉

选题思路：

从色彩丰富的画面立即转到暗淡的场景所产生的效应，就像在刺激玩耍后，快乐声音仿佛还在耳边环绕，就像喝可乐的过程是冰凉的，有气泡的，会强劲到让人打嗝的。在这个炎热的夏天，有清凉也有分享。

具体设计方法：

场景一的思路：炎热的天气，强烈的阳光照射在可乐上，可乐开始冒汗（冰水珠）。在疲惫的夏日，需要一瓶清凉的可乐来缓解（可乐渐渐填充满瓶子）。

场景二的思路：汉堡的食材由上往下层层掉落，让我们对汉堡的样子充满期待。背景中出现汉堡店的装饰等富有现实生活气息的场景。伴随着汉堡整体的形成，一顿美式汉堡快餐呈现出来。

场景三的思路：汉堡正被食客大快朵颐，背景中用阳光海岸来表现这种惬意吃东西的心情。背景中的白色汉堡和可乐元素会随着汉堡被吃完和可乐被喝完而逐渐消失，模仿人们吃汉堡喝可乐的真实过程并配上音画同步的效果。

　　场景四的思路：吃完汉堡喝完可乐后的心情十分愉悦，仿佛置身于童话世界，到处都是甜蜜的糖果，像是在云端的欢乐，让人打了一个大大的嗝。

　　场景五的思路：突然欢乐的气氛瞬间消失，黑暗像"毒药"一样蔓延开来，一朵洁白的花朵缓缓升起，像黑夜中的一束亮光慢慢延续着内心的快乐。

场景六的思路：药水的浸入，产生了像向日葵形状的气泡，向日葵在转动，人们在奔走，鲜丽的色彩让人心情愉悦。

场景七的思路：愉快的音乐一直延续到了晚上，五颜六色的曼妥思在缓缓地沉入可乐瓶里。

场景八的思路：可乐与曼妥思产生强烈反应，喷出许多气泡，形成薄荷般清凉的海洋泡泡。

场景九的思路：人们在海上畅游，有冲浪的，有划船的，海浪在旋转着，人们从最外层朝着漩涡冲去，到达那充满刺激的地方。

场景十的思路：画面回到海岸边，可乐瓶的碰撞声音向观众展现了一种分享的喜悦。

案例3-7　沙漏　作者：陈禹亨　叶颖诗　冯芷珊　王蒙玲　高应广

选题思路：

时间，沙漏，春夏秋冬，四季更替，即为人生的一个轮回。春埋夏破，秋回冬醒。人的生命有限，而只要宇宙在，这个星球在，时间就会无穷无尽地流淌，那四季也无穷无尽地轮回。时间可以再来，四季可以轮回，但是，人的生命无法轮回。

具体设计方法：

场景一的思路：水滴在黑暗的空间里落下，形成波纹向四周散开，紧接着波纹又往回收缩，汇聚成沙漏的形状。

场景二的思路：沙漏反转，沙漏上半部分出现沙子，沙子漏下化为泥土，嫩芽从泥土中探出头来。

场景三的思路：倾盆大雨落下，伴随着闪电，小苗被雨水打得东倒西歪，沙漏下半部分开始漫水，沙漏被倒转过来。

场景四的思路：水从沙漏中留下，再从沙漏两边溢出，形成波浪。水溢出后小苗开始生长。

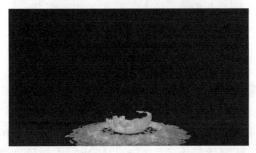

场景五的思路："春天"。小苗疯狂生长变成藤蔓，颜色从嫩绿到草绿，沙漏的外形消散。

场景六的思路："夏天"。藤蔓上多处开始逐渐开花，直至开满，花又从左到右地枯萎。

场景七的思路："秋天"。枯萎的花瓣被吹飞，留下沙漏变成干枯的枝干。

场景八的思路："冬天"。沙漏内开始下起了雪，逐渐形成一个雪山，周围也有了积雪，风吹过来把一切都吹散。

▶ 3.2 媒介分析

媒介分析阶段要求学生根据选定的主题进行整体设计流程的计划，包括模型技术细分、装置造价评估、装置体量大小、模型与影片制作软件选择、投影对位软件选择等。在投影装置艺术课程中，选题选定以投影装置作为表达媒介，此阶段更侧重引导学生根据作品选定的主题进行分析，思考利用何种载体更利于主题的表现，媒介是否与特定的空间吻合。

案例 3-8[注]　折扇　作者：陈伊格 刘道奇 贺心悦 俞廷辉 欧阳婷

媒介分析：

画面采用多种风格来表现，将水墨画的意境、二维动画的灵动与工笔扇面画结合起来，体现折扇之于中国人的深刻又美好的寓意。同时，作品采用各种唯美且具有中国传统特色的画面元素，畅想和表达梁祝化蝶这一充满浪漫色彩的民间传说故事。

案例 3-9　纸飞机　作者：方灵 谢洁莹 姜欣宇 李思铭

媒介分析：

画面采用一个画框作为载体，将二维平面空间与三维立体空间巧妙地结合起来，以此来表现小男孩的好奇心理；在配色选取上，选用了较为鲜艳的马卡龙色系，希望通过较为纯粹的颜色来营造出整体温馨的、美好的童话世界的氛围感。

注：本章以 7 个案例进行介绍，序号顺排，后续同此处理。

案例 3-10　病毒滋生　作者：陈薪全 李欣茵 丛慧媛 王泽希 杨思颖

媒介分析：

整体画面采用波普风格，结合简笔画表情，带有一种大众化、通俗化的趣味性，这种较为独特的风格在传播上也具有更广泛的受众，因此用此设计风格来表现病毒这一主题，能够引起各类人群的关注，人们与病毒作斗争，战胜病毒。

案例 3-11　在劫难逃　作者：杨锐汾 李组璇 李智 余浩然

媒介分析：

画面效果选择了轻快柔美的风格，用简洁的风格和色调来体现人格障碍者内心渴望能拥抱美好世界的心境。同时，画面运用了点、线、面三者结合的方式，表达小球情绪的递进、状态的转变与自我的挣扎。

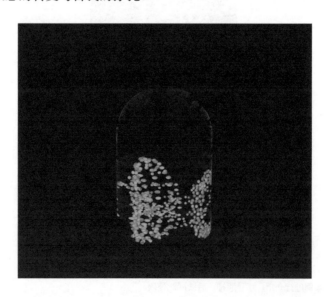

案例 3-12　键盘　作者：罗杰中 陈铿升 郭荣毅 富贝勒 李锦辉

媒介分析：

通过抽象的未来感画面与现实键盘造型的结合，以霓虹荧光的线条勾勒扩散形成画面，表现出互联网时代的科幻感。同时，希望用强烈的视觉冲击、较快的画面节奏，体现互联网世界力量之大，人们一不小心便容易迷失自我。

案例 3-13　爱喝可乐　作者：张诗晨 熊猗 罗君彦 钟珊琪 沈焕辉

媒介分析：

画面采用扁平插画的风格进行表达，希望体现出在炎热的夏天喝到冰凉可乐的这种畅快欢乐的感受。在动画效果上，采用直接但充满活力的简洁的手法，希望最大限度地保持画面的构图美感，表现清凉畅快的感觉。

案例 3-14　沙漏　作者：陈禹亨 叶颖诗 冯芷珊 王蒙玲 高应广

媒介分析：

画面采用简约唯美的风格，以写实的四季景色体现生命在自然中的奇妙变化。运用沙漏这一形象符号，希望利用植物在沙漏中的生长、不断上下旋转调换，表现时间的消逝及四季的轮回，从而引起人们对时间和生命的思考。

3.3 内容创意

内容创意指对作品主题进行影片的内容创意设计，主要包括故事构思、艺术风格与配乐等。此阶段需注意的是投影装置载体的几何特性，学生需结合投影视角、边界等进行考虑，充分利用模型载体的特殊形态进行创意表达，综合画面中可利用的点、线、面元素与音效，提升作品的空间氛围感与韵律感。

案例 3-15 折扇 作者：陈伊格 刘道奇 贺心悦 俞廷辉 欧阳婷

内容创意：

作品将折扇、桥和窗户的意象进行结合，对梁祝化蝶、奈何桥的神话传说故事进行再次创意编写，对其轮廓、形状进行联想，希望以此来体现梁祝最终能够厮守终生的美好结局。画面搭配丰富且有古韵味道的配色，表现中国传统文化里人们对美好情感的向往之情。

案例 3-16 纸飞机 作者：方灵 谢洁莹 姜欣宇 李思铭

内容创意：

小男孩用可爱的卡通形象来设计，并穿梭于画框里的插画和画框外的现实世界。

运用可爱活泼的音效塑造小男孩对事物充满好奇心的形象，同时利用画框里插画的丰富多彩与三维世界的枯燥乏味形成对比，暗示小男孩的童心消逝。

案例 3-17　病毒滋生　作者：陈新全　李欣茵　丛慧媛　王泽希　杨思颖

内容创意：

采用拼贴画和动态特效结合的表现方式，解构并重构与病毒相关的各种元素，将它们进行拼凑，以一种怪诞的画面效果表现人们一开始对病毒的不重视及醒悟过来与其斗争的状态；也希望通过鲜明活泼的色彩给观众丰富的视觉体验，以一种平易近人的感觉表达人类最终会战胜病毒的美好期望。

案例 3-18　在劫难逃　作者：杨锐汾　李组璇　李智　余浩然

内容创意：

采用迷幻又孤独的蓝黑色调、较干净简单的画面，表达人格障碍者无法逃离内心的阻碍。同时，给小球的形态做了许多类似扭转、分裂、升华等的丰富变化，表现人格障碍者内心的挣扎和无奈，由此提高人们对人格障碍者的关注度，向他们表达人们的爱、理解和帮助。

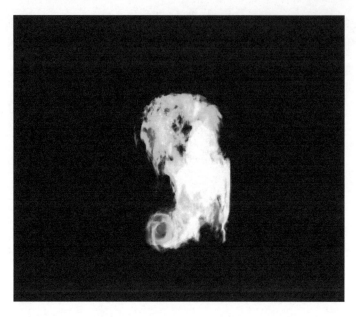

案例 3-19　键盘　作者：罗杰中　陈铿升　郭荣毅　富贝勒　李锦辉

内容创意：

利用未来感、科技感的画面风格及音乐调性，表现当前社会的五光十色，给观众营造一个眼花缭乱、容易沉迷的网络世界。利用富有动感的音乐，表现人们容易在不自觉中沉沦于网络污水，希望以此引发观众的思考。

案例 3-20　爱喝可乐　作者：张诗晨　熊旖　罗君彦　钟珊琪　沈焕辉

内容创意：

在方案构思上，对喝可乐前后人的状态、心情等进行了大胆丰富的想象，以一种脑洞大开的方式让喝可乐的畅快感得到视觉化的表现。采用鲜艳明亮的配色，营造一种不一样的活力感：虽然夏日炎热但有冰凉冷饮和一起分享快乐的好友，令人心旷神怡。

案例 3-21　沙漏　作者：陈禹亨 叶颖诗 冯芷珊 王蒙玲 高应广

内容创意：

模拟植物在四季生长的过程，直接明了地表现时间、生命、轮回的概念；采用鲜艳、色相差异较大的颜色，体现自然四季的奇妙变化；背景音乐采用较为轻快舒缓的类型，与自然的音效相配合，营造出大自然生机勃勃的感觉。

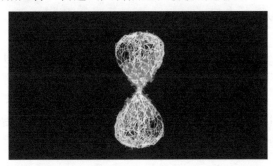

思考题

在本章 7 个作品案例中，设计师是如何确立设计方案的？应用了哪些视觉构成的理论及组合法则？例如，哪种媒介适合哪种效果的表达，是否与特定的空间吻合。

小节作业

以小组形式完成作品分镜头的设计，可选择以下不同设计侧重点。

（1）制造 Mapping 物体的"动"与"静"。认知当中，哪些物体是不会动的，哪些物体是可以动的。

（2）以"流动的色光"直接或间接地表达"实体"与"虚体"。

第 4 章

内容制作与作品整合

新媒体艺术设计专业是建立在数字技术基础上的，其教学内容及教学实践都与传统的教学模式存在很大的差别，因此新媒体艺术设计的教学模式更注重倡导学生运用现有技术创造新的视觉经验和审美。教学过程以分组团队合作的形式进行，更接近新媒体艺术作品涉及内容广、需多人协作完成的制作流程，也激发集体的创作潜力，促进相互学习和进步。本章通过多件作品从"内容制作—作品整合"阶段对作品内容实际制作过程展开阐述。在内容制作阶段根据前期的设计制作相关素材；在作品整合阶段主要整合素材内容与新媒体展示平台。

4.1 内容制作

在内容制作阶段，学生将针对所选择的主题与载体，根据媒介的几何特点和投影空间进行技术上的研究与实践，包括相关模型的制作、影片素材的制作、投影对位、对位软件的选择和使用（如用 After Effects、Resolume Arena 软件绘制投影边界）等。此阶段侧重锻炼动手能力，学生根据设计目标进行试验和调整，逐步将一件投影装置作品的素材制作出来。

案例 4-1　折扇

内容制作：

1. 折扇模型建模及动画制作

首先根据想要制作的画面绘制效果草图，用绘图软件（如 Procreate）进行绘制。注意，折扇与拱桥之间的形态和大小要有共同之处，以便投影时进行流畅转换。

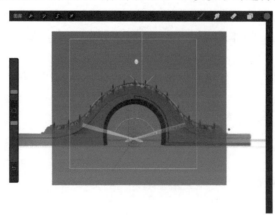

完成效果草图绘制后，在三维制作软件 C4D 界面左上方的工具栏中选择"样条"工具，选择"矩形"，在预览窗口新建一个矩形，单击界面左上方工具栏中的"移动"图标，在预览窗口拖动矩形上的箭头，将其调整成折扇上宽下窄的形状。

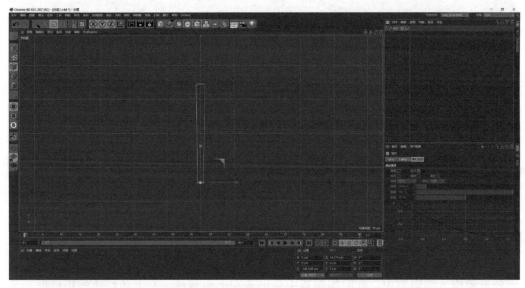

在界面左上方工具栏中选择"挤压"工具，先将刚才绘制的矩形样条挤压形成立体形态，再进行下一步的细节调整。此步骤制作的是折扇的扇骨部分，需考虑扇骨的厚度要符合折扇的整体比例。

通过以上步骤完成第一个扇面的支撑骨架后，在界面左上方工具栏中选择"复制"工具，高效地将其他扇骨复制出来，在界面右下方的属性面板中调整"间距"和"数量"等参数，使扇骨之间排列整齐且合适。

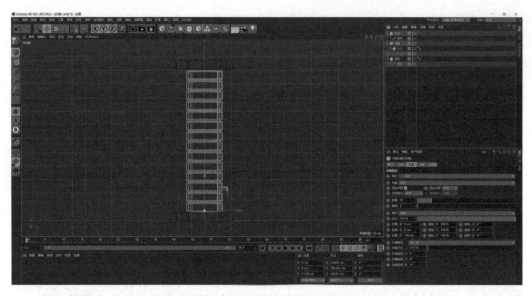

扇骨制作完成后，给扇骨添加扇子展开的动效。在界面右上方对象窗口中右击第一个扇骨的模型，选择"CINEMA 4D 标签"→"XPresso"命令，打开"XPresso 编辑器"对话框，加入需要的对象和表达式来完成动画的制作。可从对象窗口将需要编辑的对象拖入编辑器中，此时编辑器中会出现左上角蓝色、右上角红色的矩形框，蓝色部分代表输入，红色部分代表输出，通过关联相邻扇骨部分的输入和输出制作动画。将编辑器中的第一个矩形框红色端下方圆点，按住鼠标左键不放拖动到第二个矩形框蓝色端下方圆点上，两个模型便完成了关联操作，回到预览窗口，移动第一个模型可以发现第二个模型也会同时发生移动。这样就可以实现旋转扇骨时，整个折扇打开成完整的扇面，此步骤需注意在"XPresso 编辑器"对话框中关联时只能用红色部分连接蓝色部分。

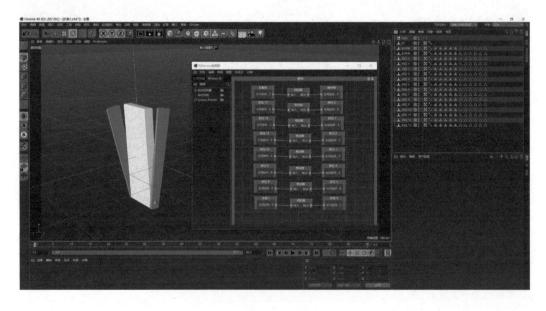

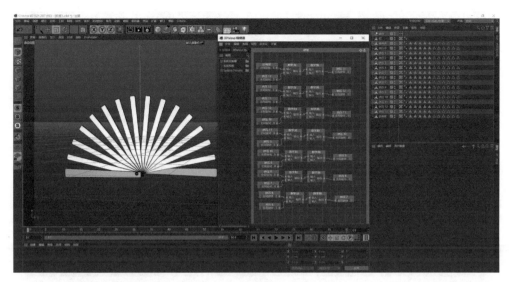

接下来制作扇面的内容，用平面绘图软件（Photoshop）将各种相关素材导入、拼接、调整，制作用于扇面的贴图。

制作完成后，在软件菜单栏中选择"文件"→"导出"→"快速导出为 PNG"命令，保存在计算机的指定文件夹中，以备后面查找和使用。

在三维制作软件（C4D）中，双击界面左下方一个材质球，打开"材质编辑器"对话框，单击左侧"颜色"复选框，单击"纹理"后面的"…"按钮，在计算机中找到制作好的 PNG 文件，导入并完成贴图操作，关闭"材质编辑器"对话框，添加"灯光"，使模型更加具有立体感。

完成以上操作后，在工具栏中单击"图片查看器"按钮，打开"图片查看器"对话框，可看到模型渲染效果图，确认没有问题后可将模型渲染并输出成影片，以备后面合成。

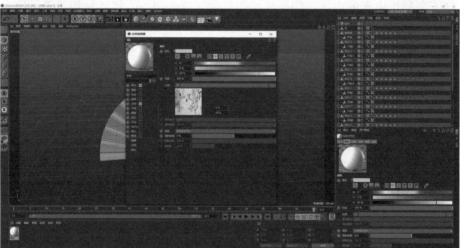

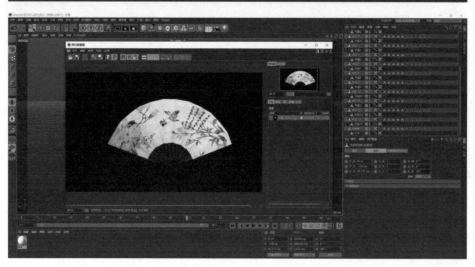

2. 动态视频效果制作

用后期合成软件（After Effects）制作动态视频效果，在界面左侧项目窗口中导入在 C4D 中制作的影片并新建"预合成"文件，在合成窗口中根据想要的效果调整各项参数，丰富画面的效果，烘托整体的氛围感，注意在制作过程中需保持作品整体调性的统一。

在菜单栏中选择"效果"→"Particular"（粒子特效系统）命令，在效果控件中调整参数，模拟叶子飘落等动效。

在项目窗口中导入用音频编辑软件（Audition）制作好的配乐，将其拖动到界面下方合成窗口中。注意，音乐与画面要契合，过渡要流畅，出现多音轨同时播放时要调整各音轨的音量，有主次有节奏。

完成后，输出动效，在菜单栏中选择"文件"→"导出"→"添加到渲染队列"命令，等待渲染完成即可。也可使用视频剪辑软件（Premiere Pro）转换视频格式，输出视频用于与实体模型合成进行投影展示。

3. 投影准备

利用 3D 打印机打印出用于投影的实体模型折扇，将模型进行打磨和喷漆处理，使模型表面平整，颜色均匀，在投影时达到清晰的效果。

组装用于投影的木架，木架的一端固定成一个方框形平台，另一端固定成一个垂直面，平台用于放置投影使用的计算机，方便模型对位时的调整，方框上面放置投影仪，注意需根据投影的大小及范围来组装和调整。

案例 4-2　纸飞机

内容制作：

1. 小男孩模型建模及动画制作

先根据内容需要设计出小男孩的形象图，将其拖入三维制作软件（C4D）中作为建模参考图，方便在建模时参照与调整，提高工作效率。

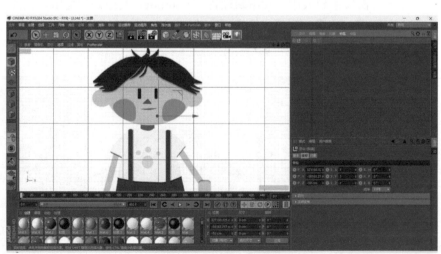

在三维制作软件（C4D）界面的工具栏中选择"立方体""球体"等基础模型，建造大致形体，可单击预览窗口右上角的小图标切换视图模式，便于从多个角度查看模型的形态。

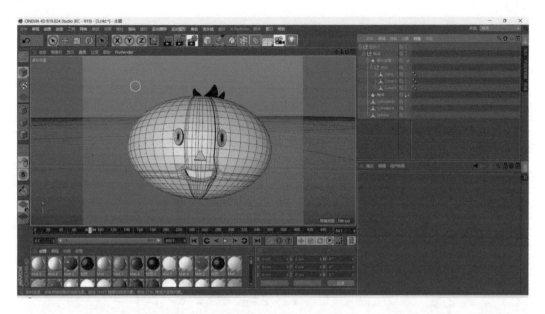

再根据参考图的细节部分对模型进行调整，在预览界面中选中要调整的部分，单击界面左侧第一个图标，将这些基础模型变成可编辑对象，将模型调整为"点"模式、"线"模式或"面"模式，单击工具栏中的"移动"图标，可以在预览窗口中拖动模型上的点、线或面的箭头进行移动，使模型不断接近参考图。注意，调整时可以点、线、面三种方式配合使用，增加细分数或倒角可以使模型面的过渡变缓和。

　　给建好的模型添加材质球，在软件界面左下方双击一个材质球图标，可打开材质编辑器，根据需要的效果调整"光泽""反光""颜色""发光"等参数，使小男孩的模型真实立体。注意，调整不同的参数可以表现出不同的质感，建议多尝试来达到最佳效果。

　　给小男孩模型的四肢绑定骨骼，在菜单栏中选择"角色"→"角色"命令，在界面右侧属性窗口中单击"对象"选项卡，在"建立"选项卡中选择"root"选项，在

组件下选择"spine"选项，按住 Ctrl 键分别选择"arm"选项和"leg"选项，再在"调节"选项卡的预览视图中分别调节各个节点，使它们与人物相匹配，完成后选择"绑定"选项卡，将人物模型拖动到"对象"内。

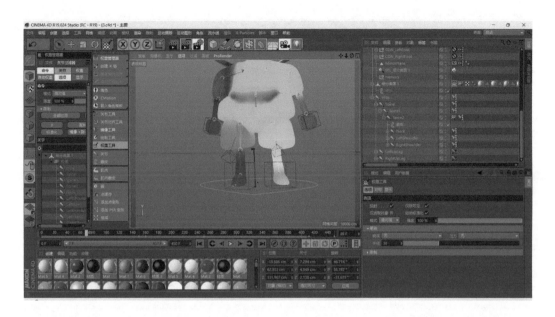

给绑定好的人物模型制作运动动画，拖动界面下方的时间轴线到一定的帧数，在界面右侧"对象"选项卡中单击参数前的圆圈设置关键帧，注意人物运动的幅度和速度要符合常理。

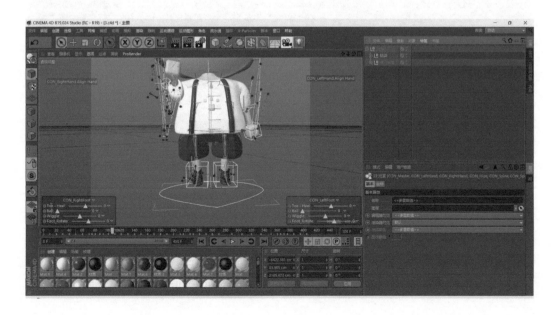

人物部分完成后，进行场景建模，与以上步骤相似，需注意场景中物体的大小比例要合适，颜色和材质也要相互契合。

根据需要的效果添加"粒子"特效，在界面右侧属性栏中调整粒子的大小、速率、颜色、随机性等参数，营造人物打破二维空间来到三维空间的效果。

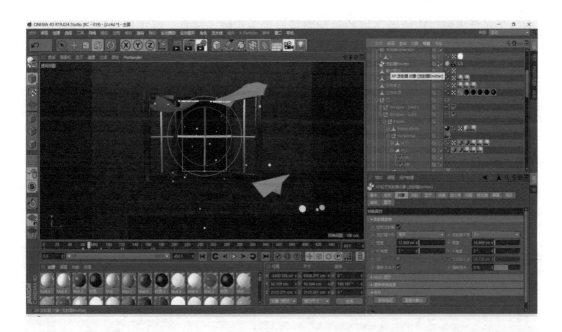

在工具栏中单击"摄像机"图标，创建一个摄像机，调整位置、角度、焦距等参数，用于固定最终显示的画面，将场景模型以摄像机视角渲染并输出成影片，以备后续合成。

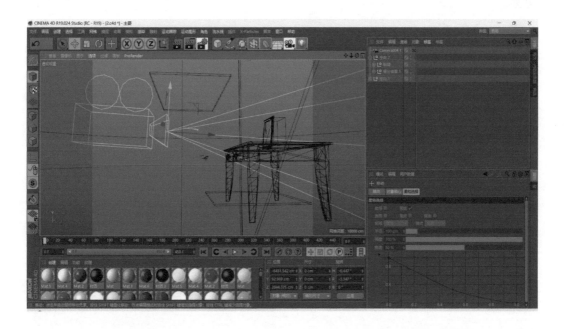

2. 动态视频效果制作

在后期合成软件（After Effects）中导入使用 C4D 制作的影片并新建"预合成"，在合成窗口中新建"形状图层"，在预览窗口中绘制出纸飞机的造型，调整其颜色、大小，并在合成窗口中给纸飞机的运动路径设置关键帧。注意，纸飞机的质感需与之前的画面相配合，可给纸飞机加上投影以增加其真实感。

新建"形状图层"，用于绘制黑色遮罩，模拟在黑暗中门被打开后光透进来的感觉。

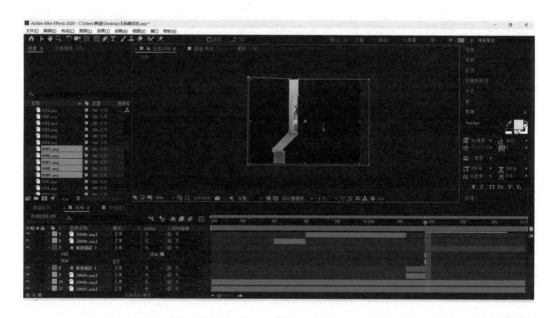

完成制作后，输出动效，在菜单栏中选择"文件"→"导出"→"添加到渲染队列"命令，等待渲染完成即可。也可再将其导入视频剪辑软件（Premiere Pro）中转换视频格式，输出视频用于与实体模型合成进行投影展示。

3. 投影准备

利用 3D 打印机打印出用于投影的实体模型纸飞机和相框，将模型进行打磨和喷漆处理，使投影效果更清晰。组装用于投影的木架，观察投影效果。

◎ 案例 4-3　*病毒滋生*

内容制作：

1. 病毒模型建模

先查找资料确定病毒模型的形状外观，在三维制作软件（C4D）的工具栏中单击"立方体"图标，新建一个简易球体，在属性窗口中增加球体的细分数，使球体光滑，在球体的基础上设计造型。

单击界面左侧第一个图标，将球体变成可编辑对象，使用"挤压"命令，做出病毒外围的圆柱形造型，丰富球体表面的凹凸细节，使病毒整体的立体感和真实感更明显。

　　再新建一个立方体，单击"移动"图标，拖动立方体上的箭头移动其位置，使立方体正好盖住病毒模型的一半，用于裁剪模型，使其形成一个半球形，以便模型能更好地固定在投影面上。

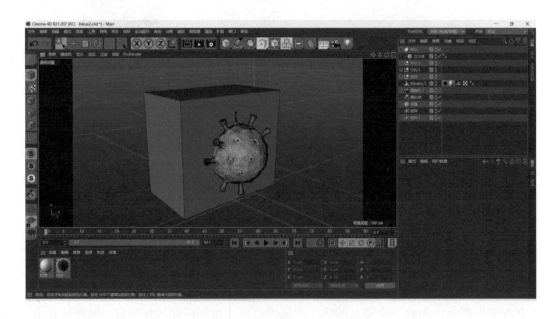

　　在工具栏中单击"布尔"图标，在"对象"选项卡中，将两个需要进行布尔运算的对象放在布尔工具下面，注意在"布尔"对象面板上的布尔类型，默认是 A 减 B，即布尔工具下的第一个对象减第二个对象。注意，因为需要病毒模型减去立方体的部分，所以要把立方体的图层放在病毒模型的图层下方。

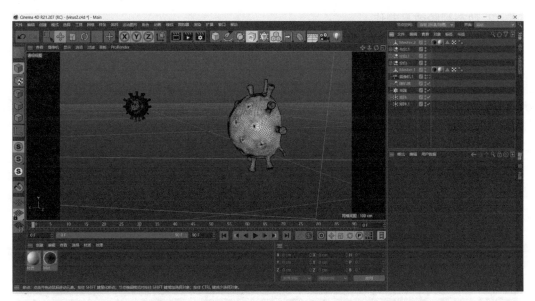

完成后，将建好的模型打印成 3D 实体模型。注意，要根据投影距离的远近和投影范围的大小来打印。

打印出来的模型表面较为粗糙，要用砂纸打磨，使模型表面平滑，之后进行喷漆处理，使模型颜色均匀，在投影时不出现反光或投影不明显不清晰等现象，投影效果会更好。

2. 动态视频效果制作

在后期合成软件（After Effects）新建"预合成"，在界面左侧的"项目列表"中导入素材文件，将其拖动到下方合成窗口中，右击合成区域的空白位置，在快捷菜单中选择新建"文本"和"形状图层"等命令，分别添加文字内容和图形，丰富画面内容。

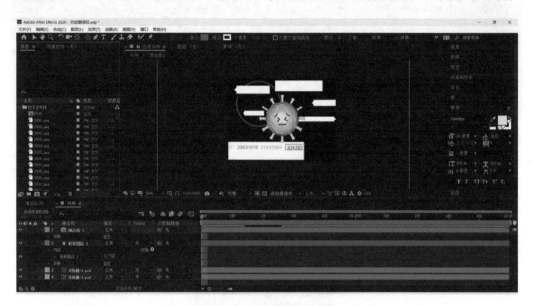

在时间轴中拖动图片文件的条形块，调整其显示的时间范围，使图片的出现有前后次序及过渡。注意，此步骤调整需耐心、细致，使动画效果的过渡缓和、舒适。

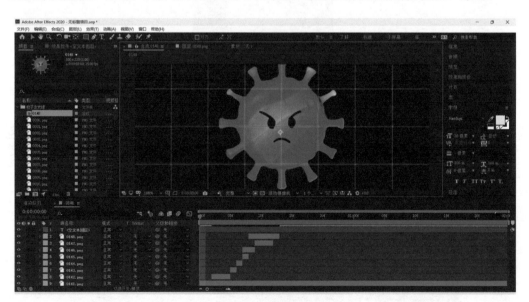

单击每一个图片文件下方"变换"按钮前面的小箭头，打开缩放、旋转、不透明度等参数设置面板，单击参数前面的秒表图标设置关键帧，丰富动画的细节，使动画运动的过渡流畅、灵动。

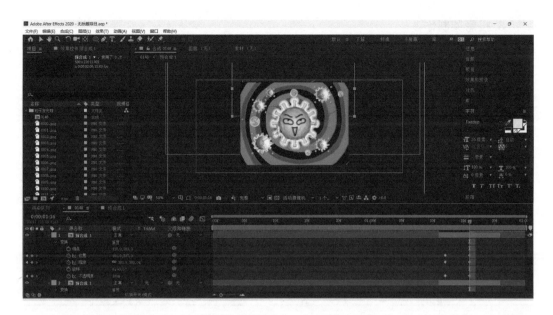

　　动画部分制作完毕后，将视频渲染后导出到视频剪辑软件（Premiere Pro）中添加配音。在界面左下角"项目"面板中先导入所有视频文件，按照顺序将其依次拖动到序列时间轴的视频轨道上，再将音频文件拖动到音频轨道上，在合适的位置进行剪切和排列等调整。注意，音乐与画面要相契合，过渡要流畅，出现多音轨同时播放时要调整各音轨的音量，有主次有节奏。

　　在菜单栏中选择"文件"→"导出"命令，在"导出设置"对话框中调整输出的视频格式和存储位置，等待渲染完成即可，输出视频用于与实体模型合成进行投影展示。

3. 投影架制作

准备用于投影的木架，可以给木架平台部分刷上黑色的漆，使投影效果清晰明显。

🔲 **案例 4-4**　*在劫难逃*

内容制作：

1. 绘制效果草图及玻璃罩建模

根据方案想法，用板绘的方式制作出各个不同画面的效果示意图，为制作动效提供画面参考，确保画面能维持统一调性。

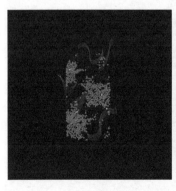
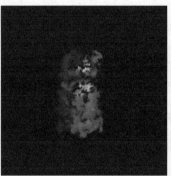

打开三维制作软件（C4D），利用工具栏中"立方体"图标右键快捷菜单中的命令新建一个胶囊状模型和一个立方体，单击"移动"图标，拖动立方体上的箭头移动其位置，使立方体正好盖住胶囊状模型的下半部分弧面，立方体用于与胶囊状模型进行布尔运算，从而得出玻璃罩的形状。

在菜单栏中单击"布尔"图标，在"对象"选项卡中，选中两个模型，将其拖进"布尔"的子集里进行运算。注意，因为需要胶囊状模型减去立方体的部分，所以要把立方体的图层放在胶囊状模型的图层下方。

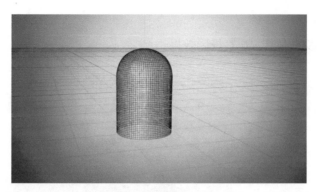

完成后，将建好的模型打印成 3D 实体模型，并喷漆，使模型颜色均匀，在投影时不出现反光或投影不明显不清晰等现象。

2．动态视频效果制作

依据效果示意图在三维制作软件（C4D）中制作出相应的动态视觉效果，可借助此软件的粒子插件、流体插件等来制作。在渲染时需注意各部分的材质，尤其是玻璃罩的透明质感，需仔细调整材质参数得出。

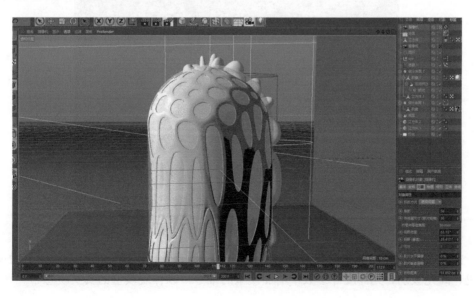

3. 投影准备

制作用于投影的木架，观察投影效果。

案例 4-5　键盘

内容制作：

1. 键盘模型建模及动效制作

先测量实物模型的尺寸和各部分的角度，用三维图形图像软件（Blender）创建键盘的基础模型，确定每个按键的位置及角度。注意，需使其符合实物的比例大小，以便后面合成与投影。

依据实物键盘的材质，在材质编辑器中给建好的模型添加一个材质，调整漫反射颜色、高光级别、光泽度等参数，增加模型的细节，以体现模型的真实质感。

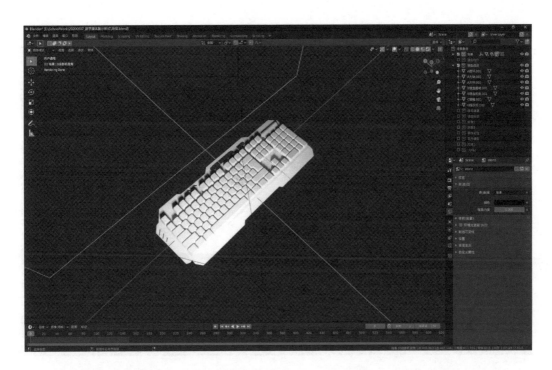

再根据投影时所需要的角度，给模型打光，并对键盘上字母的细节进行强化，使模型完整且富有立体感。注意，打光角度应符合实际投影时的状况。

根据想要达到的模型的动效，在界面下方的时间轴中设置关键帧，给键盘的按键添加节点并设置参数，不同节点相连可达到不同的动效。

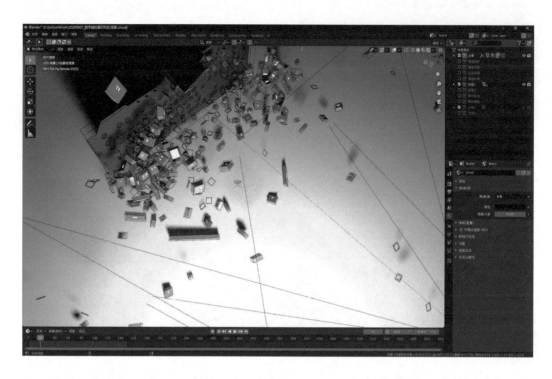

　　调整节点设置中的相关参数，使按键变换形成爆炸后破碎散乱的状态，达到强烈视觉冲击力的效果。

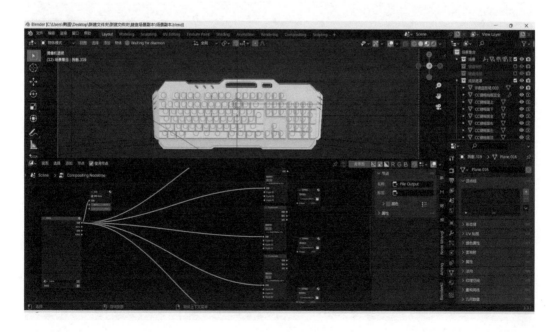

　　完成后，将调整好的模型打印成 3D 实体模型。注意，要根据投影距离的远近和投影范围的大小来打印。

　　将打印出来的 3D 实体模型进行喷漆和打磨处理，使其颜色均匀、表面平整，在投影时不出现反光或投影不明显不清晰等现象。

2．动态视频效果制作

　　在后期合成软件（After Effects）中新建"预合成"，在软件界面左上方效果栏中，选择所需要的效果并加以调整，在"效果控件"面板里调整不同的参数，制作出不同的画面动效。

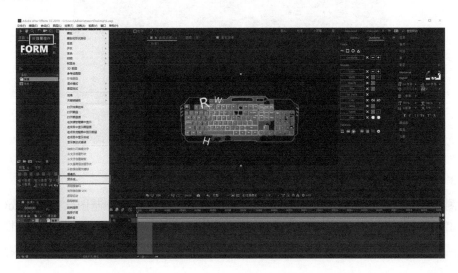

根据画面所需节奏，在"项目列表"中导入相适应的音频文件，将音频文件拖动到下方的合成窗口里，可单击音频文件下方"音频"前的小箭头，利用"音频电平"左右拖动鼠标适当调整音频声音的大小。

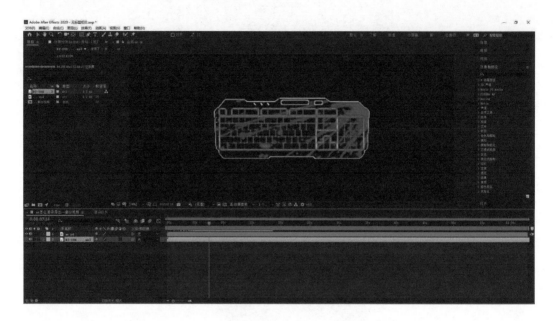

在菜单栏中选择"文件"→"导出"→"添加到渲染队列"命令，在"导出设置"对话框中调整输出的视频格式和存储位置，等待渲染完成即可，输出视频用于与实体模型合成进行投影展示。

3. 投影架制作

测量投影仪在投影时需要的角度，根据投影仪尺寸等数据在制图软件（AutoCAD）绘制出投影架的形状，使用激光切割木片再组装。注意，需考虑投影架的稳定性与承重性，确保投影仪可完好地固定在架子上完成投影。

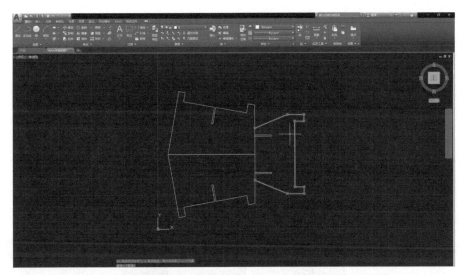

组装用于投影的木架，观察投影效果。

案例 4-6　爱喝可乐

内容制作：

1．可乐瓶和汉堡模型建模

根据实物的形态确定要建模的可乐瓶与汉堡的造型、大小及比例。在三维建模软件（3ds Max）中，新建一个基础模型，根据模型形态进行调整。注意模型与画面其他部分的大小比例，以及设计好的在画面中的构图位置。

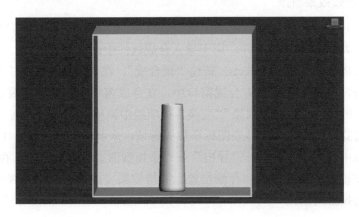

　　将建好的模型按照需要的大小打印成 3D 实体模型。注意，在建造模型时，调整好模型的细分数，使模型表面减少块面感、趋于光滑，这样更有利于投影。

　　用砂纸打磨实物模型，喷漆，使模型表面平整，颜色均匀，以减少对投影画面的不良影响。

2. 动态视频效果制作

　　根据想要达到的画面效果，用平面绘图软件（Photoshop）绘制出需要的平面图案素材，并保存为 PSD 格式的文件，用于导入合成软件中制作动效。

　　用后期合成软件（After Effects）新建"预合成"，在"项目列表"中导入所绘制的图案素材文件，将其拖动到下方合成窗口中，在合成窗口中，选中需要调整的图层文件，单击前方的小箭头，在"效果""变换"选项组中调整"缩放""位置""旋转"等参数，并根据需要单击参数前的秒表图标添加关键帧，来制作动画效果，丰富画面内容。

　　在菜单栏中选择"文件"→"导出"→"添加到渲染队列"命令，在"导出设置"对话框中调整输出的视频格式和存储位置，等待渲染完成即可，输出视频用于与实体模型合成进行投影展示。

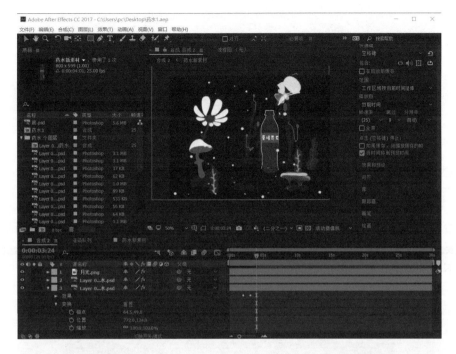

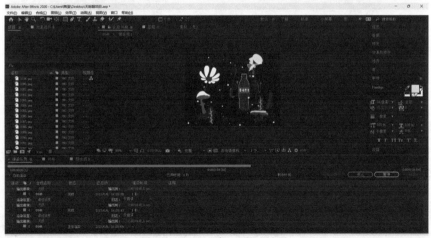

3．投影架制作

准备用于投影的木架，观察投影效果。注意，投影仪的角度与影像在投影面上的呈现效果应大小匹配，可根据实际情况调整投影仪的位置与角度。

案例 4-7　沙漏

内容制作：

1．沙漏模型建模及特效制作

设计实物模型的造型，用三维制作软件（C4D）创建出沙漏的基础模型，注意沙漏上下的对称性和表面的圆滑程度。

给模型添加材质，在软件界面左下方双击一个材质球图标，打开材质编辑器，根据需要的效果调整光泽、反光、颜色、发光等参数，使沙漏模型接近透明质感。注意，调整不同的参数可以表现出不同的质感，多尝试以达到最佳效果。

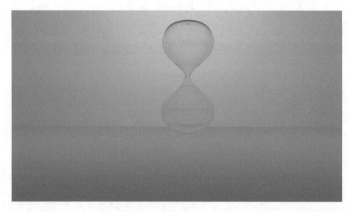

用软件的流体插件制作水的特效动画，在菜单栏中选择 RealFlow 插件，新建一个"发射器"，在界面右下方的属性栏中调整相应参数，使流体按照原本设想运动。

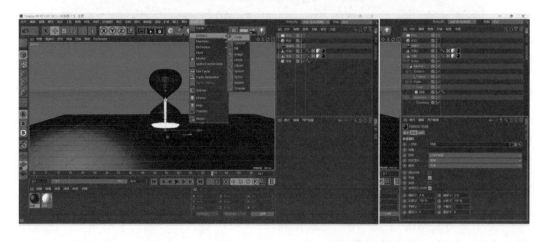

调整建好的沙漏模型的尺寸及比例，打印用于投影的 3D 实体模型。

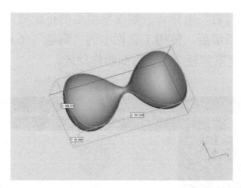

将打印好的模型打磨处理,使其表面光滑平整。因为打印的材质使模型反光,所以还要喷漆,如果反光就不利于投影时的呈现,破坏了视觉效果。

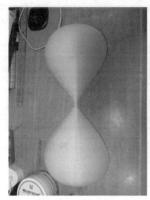

2. 动态视频效果制作

用后期合成软件(After Effects)新建"预合成",在合成窗口中右击空白区域,在快捷菜单中选择"新建"→"形状图层"命令,绘制出模型的形状并制作特效。

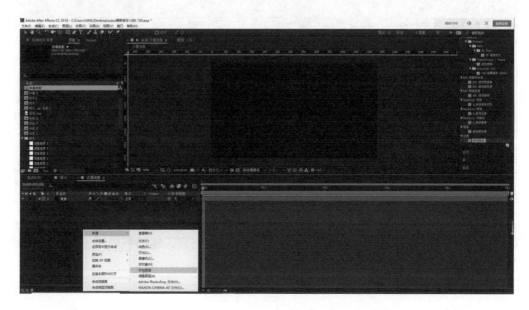

在软件左侧"项目列表"中导入一幅沙漏模型的正视渲染图。将图片拖动到合成窗口中，单击选中形状图层后，使用工具栏中的"钢笔"工具描绘出沙漏的轮廓，此时会形成该轮廓的一个遮罩蒙板，便于后面制作动效。

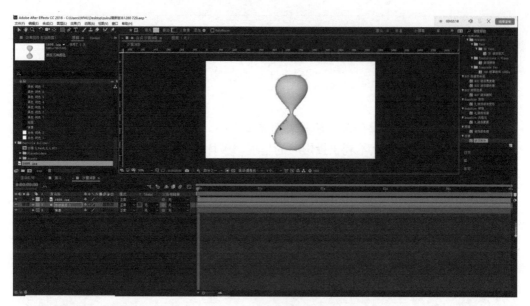

在菜单栏中选择"效果"→"Particular"（粒子特效系统）命令，在效果控件中调整参数，模拟雪花飘落的动效。

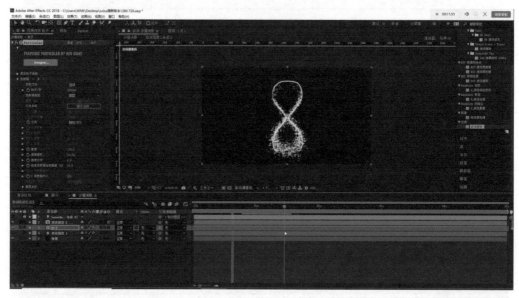

在菜单栏中选择"文件"→"导出"→"添加到渲染队列"命令，在"导出设置"对话框中调整输出的视频格式和存储位置，等待渲染完成，输出视频用于与实体模型合成进行投影展示。

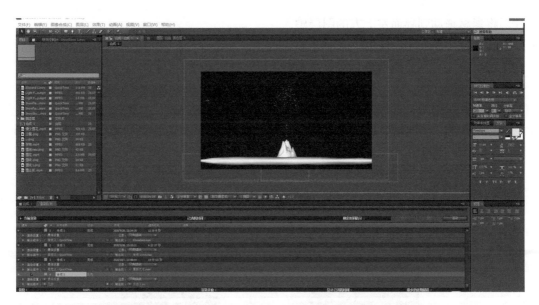

3. 投影架制作

准备用于投影的木架，观察投影效果。

4.2 作品整合

在作品整合阶段，学生将前期制作好的素材综合起来，构建一个新媒体展示平台，以投影装置的形式将素材整合在一起呈现。此阶段侧重锻炼投影对位的实验与调整，学生需使用对位软件对作品进行精细化调整，调节作品投影效果的现场气氛和节奏韵律。

案例 4-8 折扇

作品整合：

准备好动态视频、实体模型与投影架后，运用对位投影软件（Resolume Avenue）对影片进行投影调试，在"Files"栏中，根据视频文件存储的路径找到折扇相关的影片，将素材拖动到界面左上方的图层中。

在图层中单击素材文件，在菜单栏中选择"Output"→"Advanced"命令，对影片的折扇位置与实体模型进行对位调整。

单击界面左侧"□"图标，选择"Output Mask"选项，为折扇影片素材添加遮罩，使投影位置与模型更加契合。

单击左侧"Mask 1"，在"Output Transformation"对话框中调整控制把柄，可调整遮罩范围。

将计算机与投影仪连接好，打开投影仪，在菜单栏中选择"Output"→"Fullscreen"→"Display 1"命令，即可全屏投影出画面。

根据投影的输出情况，在投影仪镜头上方可左右滑动调焦滑轮进行焦距和焦点的调整，以确保投影清晰。

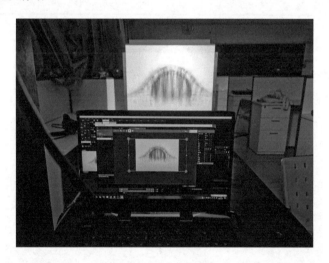

将实体模型按照制作好的动态影片在投影平面上固定位置，可根据投影的画面调整，使模型与投影更加契合，也可重复上述对位步骤，使投影效果趋于完美。注意，模型可用泡沫胶粘贴，将扇子模型和背景板相隔 4～5cm，投影效果更有空间感和立体感。

案例 4-9　纸飞机

作品整合：

准备好动态视频、实体模型与投影架后，运用对位投影软件（Resolume Avenue）对影片进行投影调试，在"Files"栏中，找到制作好的纸飞机素材影片的存储位置，将其拖动到界面左上方的图层中，在监视器预览窗口中可以预览画面效果。

在图层中单击素材文件，在菜单栏中选择"Output"→"Advanced"命令，对纸飞机影片素材与实体模型进行对位调整。注意，此步骤需先在界面的图层中单击要调整的影片素材，再进入"Advanced Output"面板调整。

单击界面左侧"□"图标，选择"Output Mask"选项，可为纸飞机影片素材界面添加遮罩。

单击左侧"Mask 1"，在"Output Transformation"对话框中调整控制把柄，可对遮罩范围进行调整。

完成后，在菜单栏中选择"Output"→"Fullscreen"→"Display 1"命令，即可输出投影仪画面。

根据投影的输出情况，在投影仪镜头上方可左右滑动调焦滑轮进行焦距和焦点的调整，以确保投影清晰。

最后进行投影对位的精细调整，将实体模型按照制作好的动态影片在投影平面上固定位置，观察投影范围是否正好与模型契合，如仍有需要调整的地方，可根据投影的画面重复上述对位步骤，使投影效果趋于完美。

案例 4-10   *病毒滋生*

作品整合：

准备好动态视频、实体模型与投影架后，运用对位投影软件（Resolume Avenue）对影片进行投影调试，在"Files"栏中，根据制作好的病毒视频文件存储的路径找到素材并导入，将影片素材拖动到软件界面左上方的图层中，可以在监视器预览窗口预览画面效果。

在图层中单击素材文件，在菜单栏中选择"Output"→"Advanced"命令，对病毒影片素材与实体模型进行对位调整。

单击界面左侧"□"图标，选择"Output Mask"选项，可为素材界面添加遮罩。

单击左侧"Mask 1"，在"Output Transformation"对话框中调整控制把柄，可对遮罩范围进行调整。

在菜单栏中选择"Output"→"Fullscreen"→"Display 1"命令，即可全屏输出投影画面。

根据投影的输出情况，在投影仪镜头上方可左右滑动调焦滑轮进行焦距和焦点的调整，以确保投影清晰。

最后进行投影对位的精细调整，观察投影范围是否正好与模型契合，可重复上述步骤，使模型与影片更契合。

案例 4-11   *在劫难逃*

作品整合：

准备好动态视频、实体模型与投影架后，运用对位投影软件（Resolume Avenue）

对影片进行投影调试，在"Files"栏中，根据视频文件存储的路径找到制作好的玻璃罩相关影片素材并导入，将其拖动到界面左上方的图层中。

在图层中单击素材文件，在菜单栏中选择"Output"→"Advanced"命令，对玻璃罩影片素材与实体模型进行对位调整。

单击界面左侧"□"图标，选择"Output Mask"选项，可为玻璃罩影片素材界面添加遮罩。

单击左侧"Mask 1"，在"Output Transformation"对话框中调整控制把柄，可对遮罩范围进行调整。

完成后，回到软件主界面，在菜单栏中选择"Output"→"Fullscreen"→"Display 1"命令，即可全屏输出投影画面。

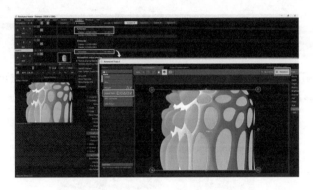

根据投影的输出情况，在投影仪镜头上方可左右滑动调焦滑轮进行焦距和焦点的调整，以确保投影清晰。

将实体模型固定在投影平面上，观察投影范围是否正好与模型契合，可根据投影出来的画面调整位置，重复上述步骤，使模型与投影更契合。

案例 4-12　键盘

作品整合：

准备好动态视频、实体模型与投影架后，运用对位投影软件（Resolume Avenue）对影片进行投影调试，在"Files"栏中，根据视频文件存储的路径找到键盘影片素材并导入，将素材拖动到软件界面左上方的图层中，可以在监视器预览窗口中预览画面效果。

在图层中单击素材文件，在菜单栏中选择"Output"→"Advanced"命令，对键盘影片素材与实体模型进行对位调整。

单击界面左侧"□"图标，选择"Output Mask"选项，为键盘影片素材界面添加遮罩。

单击左侧"Mask 1"，在"Output Transformation"对话框中调整控制把柄，可对遮罩范围进行调整。

完成后，回到软件主界面，在菜单栏中选择"Output"→"Fullscreen"→"Display 1"命令，即可完成投影输出。

　　根据投影的输出情况，在投影仪镜头上方可左右滑动调焦滑轮进行焦距和焦点的调整，以确保投影清晰。

　　最后进行投影对位的精细调整，观察投影范围是否正好与模型契合，也可重复上述步骤，使投影效果趋于完美。

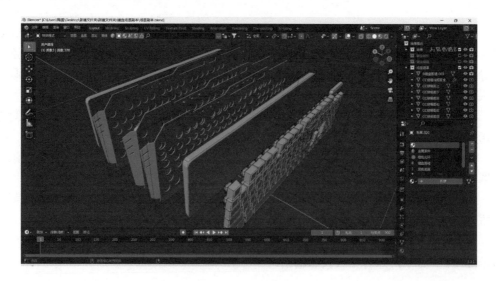

案例 4-13　*爱喝可乐*

作品整合：

准备好动态视频、实体模型与投影架后，运用对位投影软件（Resolume Avenue）对影片进行投影调试，在"Files"栏中，根据视频文件存储的路径找到可乐影片的素材并导入，将素材拖动到软件界面左上方的图层中。

在图层中单击素材文件，在菜单栏中选择"Output"→"Advanced"命令，对可乐影片素材与实体模型进行对位调整。

单击界面左侧"□"图标，选择"Output Mask"选项，对可乐影片素材界面添加遮罩。

单击左侧"Mask 1"，在"Output Transformation"对话框中调整控制把柄，对遮罩范围进行调整。

在菜单栏中选择"Output"→"Fullscreen"→"Display 1"命令，即可全屏输出投影画面。

根据投影的输出情况，在投影仪镜头上方可左右滑动调焦滑轮进行焦距和焦点的调整，以确保投影清晰。

最后进行投影对位的精细调整，观察投影范围是否正好与模型契合，也可重复上述步骤，使模型与影片更契合。

案例 4-14　*沙漏*

作品整合：

准备好动态视频、实体模型与投影架后，运用对位投影软件（Resolume Avenue）

对影片进行投影调试，在"Files"栏中，找到沙漏影片存储位置，将其拖动到界面左上方的图层中，可以在监视器预览窗口中预览画面效果。

在图层中单击素材文件，在菜单栏中选择"Output"→"Advanced"命令，对沙漏影片素材进行对位调整。

单击界面左侧"□"图标，选择"Output Mask"选项，为沙漏影片素材界面添加遮罩。

单击左侧"Mask 1"，在"Output Transformation"对话框中调整控制把柄，对遮罩范围进行调整。

完成后，在菜单栏中选择"Output"→"Fullscreen"→"Display 1"命令，即可全屏输出投影画面。

根据投影的输出情况，在投影仪镜头上方可左右滑动调焦滑轮进行焦距和焦点的调整，以确保投影清晰。

最后进行投影对位的精细调整，观察投影范围是否正好与模型契合，也可重复上述步骤，使模型与投影更契合。

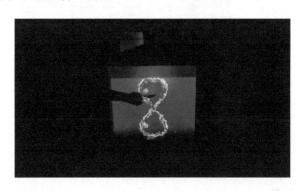

4.3 投影对位

投影对位的方法与流程具体如下所述。

（1）将投影仪接入计算机，准备一条 HDMI 线，将线的一端接在用于投影的计算机的 HDMI 接口上，另一端接在投影仪的 HDMI 接口上。

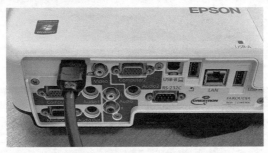

（2）确保接线无误后，打开计算机操作系统"设置"页面，在"显示"区可以看到此时"重新排列显示器"下方有两个显示器的画面。

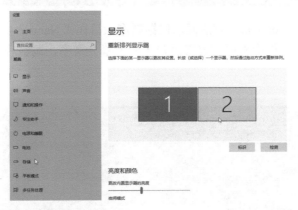

（3）在"多显示器设置"列表框中选择"扩展这些显示器"选项，这样投影仪才能将计算机屏幕内容投影出来。

79

（4）打开 Mapping 对位软件（Resolume Arena），在菜单栏中选择"Composition"→"Settings"命令。

打开"Composition Settings"对话框，根据制作项目在"Name"文本框中修改文件名称，在"Size"数字框中根据需要修改输出的屏幕分辨率，调整后单击"Apply"按钮完成修改并退出。

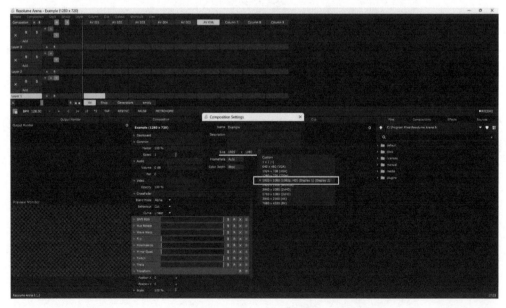

（5）在"Files"栏中，根据视频文件存储的路径找到素材并导入，将素材拖动到界面左上方的图层中。

（6）在图层中单击素材文件，在菜单栏中选择"Output"→"Advanced"命令，对素材进行对位调整。

打开"Advanced Output"对话框，如果打开界面前未单击相应的素材文件，可单击之，使素材文件显示在此对话框中。

（7）单击界面左侧"□"图标，选择"Output Mask"选项，为素材界面添加遮罩。

选择左侧"Mask 1"选项，在"Output Transformation"选项卡中调整控制把柄，可对遮罩范围进行调整。

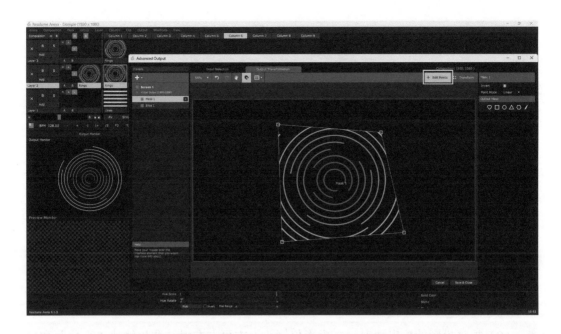

　　双击两个控制点中间的路径区域可添加控制点，在不需要的控制点上双击即可取消控制点，按住 Shift 键再单击控制点可加选。

　　（8）完成后，回到软件主界面，在菜单栏中选择"Output"→"Fullscreen"→"Display 1（1920×1080）"命令，即可完成投影输出。

（9）根据投影的输出情况，在投影仪镜头上方可左右滑动调焦滑块进行焦距和焦点的调整，以确保投影清晰。

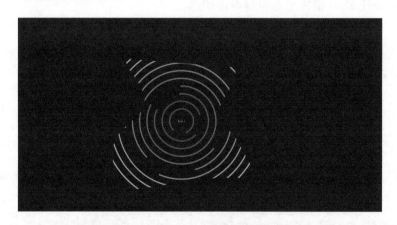

（10）最后进行投影对位的精细调整，观察投影范围是否正好与模型契合，如果仍有需要调整的地方，可重复第（6）、（7）步进行调整，使投影效果趋于完美。

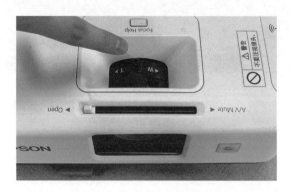

4.4　软件合成

1.加载内容

打开投影对位软件（Resolume Arena），在界面右下方"档案"面板中可以根据视频文件存储的路径找到素材并导入素材。在搜索栏右侧单击缩略图图标，可以预览素材。

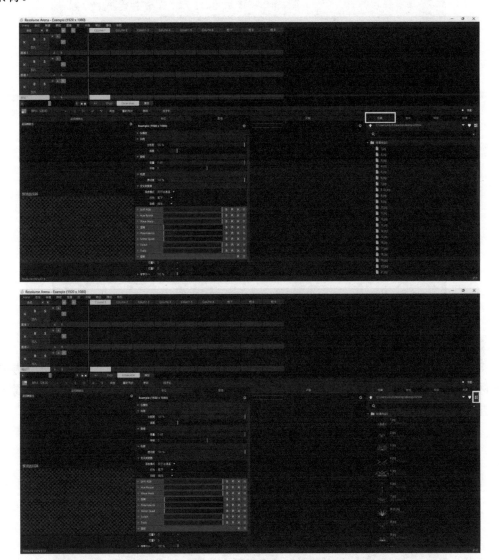

导入素材时，可以将预览文件窗口中的文件直接拖动到界面左上方的图层中，按住 Shift 键单击可同时多选几个文件拖动到同一图层中，按住 Ctrl 键单击可同时多选几个文件拖动到图层中增加新的一栏；也可以直接打开计算机中存储视频文件素材的文件夹，将需要的素材文件拖动到软件界面上方的图层中。

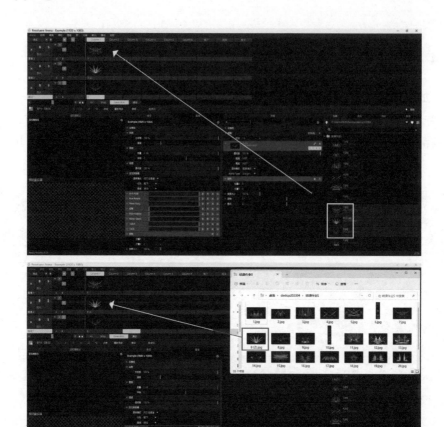

2. 触发影片

在图层中单击素材，即可在界面左下方监视器输出窗口中进行预览，单击图层中素材下面的文件名，即可在"预览监视器"面板预览，按住 Shift 键和方向键可在素材间进行切换选择，按 Enter 键可以播放所选素材。

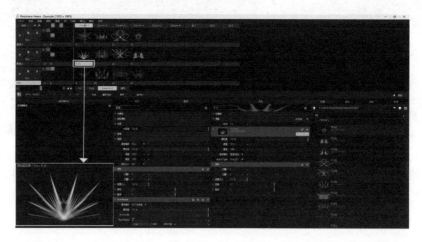

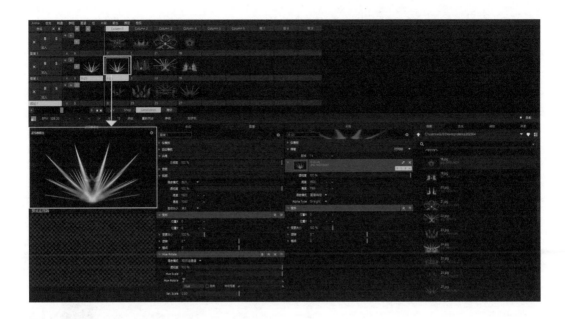

3．图层过渡时间和效果

软件界面默认有三个图层，以便加载影片素材，方便实时转换，如果图层数量不够，可以在菜单栏中选择"图层"→"开新"命令，新建一个图层。

在影片素材预览过程中，可根据投影的需要在图层上设置素材文件的过渡时间和效果。在图层中，"V"字母的推杆用于调整素材不透明度，"A"字母的推杆用于调整素材的音量，"合成"后面的"M"和"S"字母的推杆分别用于调整素材文件的过渡时间和速度。

在"阿尔法通道"下拉列表中选择需要的过渡效果，有阿尔法通道、加入、剪下等40余种效果可供选择，在"监视器输出"窗口中可以实时查看素材之间的过渡效果并调整。

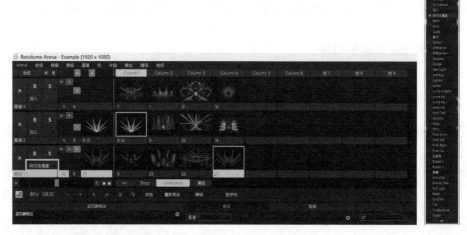

4. 合成、图层、片段面板调整

在软件界面下方的"合成"面板中可以整体调整素材的音频、视频、交叉渐变器等参数；在"图层"面板中可以调整所选图层的音频、视频、变形等参数；在"片段"面板中可以调整当前播放片段的传输、变形、旋转等参数。

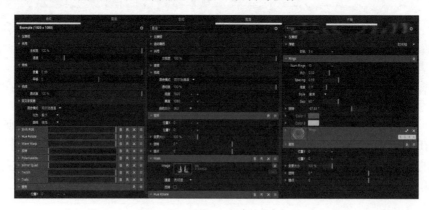

在所需要调整的内容上用鼠标左键左右拖动推杆即可调整，用鼠标右键单击推杆即可重置参数。

5．输出

首先在计算机上安装显卡驱动，目的是使计算机的显卡发挥其最佳性能，投影能更好地显示。

打开计算机操作系统"设置"页面，选择"屏幕"选项，选择"扩展这些显示器"，可将"显示器 1"输出的画面以扩展方式投送到"显示器 2"上。注意，此步骤直接影响本节内容"输出"的最后一步的成与败。

打开投影对位软件（Resolume Arena），在菜单栏中选择"输出"→"全屏"中的"显示器 1（1920×1080）"命令，可将素材内容全屏输出到屏幕上；选择"视窗模式"→"显示器 1（1920×1080）"命令，素材会输出在一个新的窗口中。

注意，可以选择"输出"→"进阶"命令，打开"Advanced Output"对话框，进行细节对位调整，选择"输出变形"面板，即可在预览窗口中修改素材的大小形变，完成调整后关闭对话框，再输出。

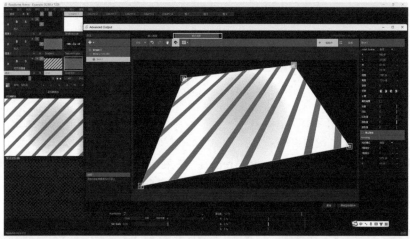

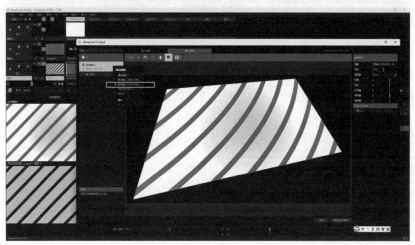

第 5 章

作品体验与点评分析

　　新媒体是相对于传统媒体而言的，新媒体艺术作品有新的体验形式。与观众站立在传统艺术作品面前单一观看作品不同的是，新媒体艺术作品希望在观众和创作者之间产生一种双向的互动与联系，新媒体艺术跳脱出原有简单视听元素的束缚，探寻任何人们可以感知的方式，给大众一个参与艺术创作的机会，使其从中感受到创作者所传递的艺术理念与精神价值。本章从"作品体验"和"教师点评"角度对多个作品呈现效果展开阐述。作品体验阶段用于作品展示并改进设计缺陷。教师将在作品设计过程中给予辅导和提升，把握整体的方向。

▶ 5.1　作品体验

　　在作品体验阶段，学生展示投影装置作品，观众在学生营造的新媒体展示空间内观看，提出对作品的观看感受，学生结合观众对作品的观看反馈，改进设计缺陷并逐步趋近设计目标效果。

❀ 案例 5-1　折扇

　　作品体验：

　　作品整体投影效果清晰，氛围感在配乐与画面的结合下也很强，令观众不禁为两只双宿双飞的蝴蝶感到由衷的感动与欣喜。画面细节丰富，各种元素结合在一起支撑起了整个画面的结构和美感。由于涉及几个意象（折扇、桥、窗户）的变换，一开始四季部分的扇形窗户框偏窄，不够契合，在调整后效果改善很多，画面效果也更好。

案例 5-2   纸飞机

作品体验：

投影的效果整体比较清晰，模型与投影的位置十分契合，让人仿佛就在桌子前看着这个小男孩跳出相框，色彩和音效也很符合卡通动画的画面。内容上过渡的情节和一些细节稍有欠缺，整体效果看起来略显单薄，可以多考虑一些影片与实际投影效果存在的差异，将影片调整得更适于投影时的感觉，效果会更好。

案例 5-3   病毒滋生

作品体验：

作品整体较为灵动有趣，较为独特的画面风格给观众别致新颖的感觉，表现的概念也比较明晰，完整程度较高，音乐配合生动有趣。视频的节奏稍显平均，如能多有一点变化，会更利于表达人们对病毒的看法"从不重视到重视再到与其抗争"的转变。

案例 5-4   在劫难逃

作品体验：

画面整体的视觉效果很唯美空灵，配乐给观众带来平静舒缓的听觉享受，特效的变化丰富多彩，也契合表达的主题，整体投影效果比较好。在画面的衔接方面有些地方较生硬，如果能调整影片让过渡再流畅一些，将给观众带来更好的感受。

案例 5-5　键盘

作品体验：

经过多次的调试及相对应的调整，实际投影时画面的节奏给人较直接的强烈的视觉冲击感，最终实际投影的效果与方案设想较为契合，投影的对位较为准确。从音画结合的效果上也能比较清晰地感觉到创作者想要表达的迷失于网络世界的内容，其中画面效果可以做得更细致、精致一些。

案例 5-6　爱喝可乐

作品体验：

作品整体画面活泼生动，扁平的二维动画增添了画面的灵动感，使观众感受到可乐带来的冰凉畅快的感觉，投影效果与预想设计方案较为契合，轻快明朗的配色也很好地表现出阳光、兴奋的画面氛围感。可以根据影片与实际投影效果存在的差异，将影片调整得更适于投影时的感觉，以提升效果。

🕸 **案例 5-7** *沙漏*

作品体验：

整个作品看下来非常唯美，各个画面的衔接过渡做得很流畅，与方案效果比较契合，画面在配乐与视觉效果的配合下，使观众能够较直观地感受到大自然生机盎然的生命力，四季变换的氛围感也营造得比较丰富。特效的制作在表现上略显简单，如果能制作精细些，将会带来更好的视觉体验。

5.2 教师点评

🕸 **案例 5-8** *折扇*

教师点评：

在信息表达方面，我认为这是个做得"仔细"的作品。再现民间传说的语言清晰，且制作精良，故作品完成度较好。值得一提的是，多种不同艺术风格的画面在这把"折扇"中得以融合。人与人、人与自然之间的关系，对美好事物的感知等，都是这个作品给我带来的直接感受。

案例 5-9　纸飞机

教师点评：

设计方案突破了视觉上的二维与三维概念，在有限的空间里创造出无限的可能。让任何物体表面转变成动画，实现物体与动画的融合，产生强烈视觉冲击力，极具趣味性。

作品讲述一个在现实生活中不可能发生但看似又很"真实"的有趣的故事。"不可能"是指作者在大家面前呈现了画中人物踏入真实世界的场景，而"真实"是指作者成功地塑造了画中的主人公的生活环境、贪玩、好奇的童心。相框成为沟通的界面，而纸飞机成为"故事发展"的线索要素。画面质朴、色调温馨的二维插画场景，动作笨拙的三维动画表现，描绘出主人公朴实、天真的内心世界。

案例 5-10　病毒滋生

教师点评：

作品围绕全球公共卫生突发事件，巧妙地选择了当下的实时热点，通过拟人的手法将人们积极乐观的生活状态有趣地表达了出来。从"病原体"到"健康细胞"的转化，为个人、家庭、社会注入一种正能量。在形式上，作者以独特的色彩组合和节奏向观众传达着他们对美好生活的理解。

案例 5-11   在劫难逃

教师点评：

在设计上选用玻璃罩作为载体进行 3D Mapping 创作，玻璃罩隔离了玻璃罩内部与外部的空间，而内部的小球被困，开始一步步地逃离自救。

在意义方面，作品以人格障碍者的心理为切入点，展现了如何冲破这道由自己内心筑的"墙"（个人内心世界与其外部社会关系的隔阂）的心理历程。作品以抽象的图形作为主要的视觉语言进行表达。简约的视觉元素通过生动的表现，清晰有力地向人们诉说"我要直面自己，我要好起来"。

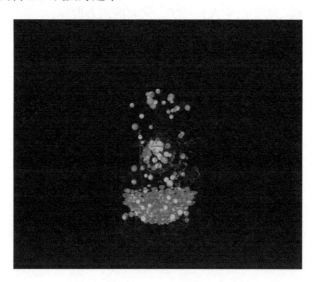

案例 5-12   键盘

教师点评：

作品以近似主人"第一视觉"的形式，提取当下网络世界中典型的图像符号——键盘，通过重新整合键盘内部结构并结合作为"打字工具"的动态图形组合逻辑，营造出一种迷幻的视觉效果。细腻的特效和迅猛有力的节奏给观众带来美感、快感。同时，在看似达到释放顶点的结局部分或许能引发观众对"美丽"网络的背后的思考。

案例 5-13　爱喝可乐

教师点评：

"刚开瓶盖的可乐冒着气泡""用吸管喝可乐""喝完打嗝"的音效，是在此作品中能听到的最为熟悉的声音，似乎在向观众招手，说着"来，我们一起度过这个快乐、冰凉的夏天"。熟悉的场景和声音有效地让观众从"旁观者"变成"参与者"。

案例 5-14　沙漏

教师点评：

作品以人们对"沙漏"的认知解读作为切入点，借助变化万千的"气、水、生命"等创意图形，描绘自然四季轮回的世界观。特别是对树叶不同色彩的动态处理，为画面增添了层次感与观赏感。唯美的画面也从侧面反映了创作者的正面情绪和心理。

5.3 典型案例的体验分析

案例 5-15　须臾千载　作者：方志烨　刘舒豪　吕熙晔　王炜杰　温云迪　郑洱汗

此作品借鉴了中国传统造像文化传承从出现到蒙尘再到重新熠熠生辉的过程。欲借助神龛作为 3D Mapping 的光投影载体，运用虚实结合的手法及裸眼 3D 的形式叙述，给予观众身临其境、古今结合的独特观感。通过对中国传统造像文化初现、构成、崩解、轮回、重构、再临等概念场景的演绎，表达中华民族薪火相传、生生不息的历史沉淀；体现古今文化兼容并包、百家争鸣的发展态势。

此作品图像的投影载体为中国民间放置神仙的塑像和祖宗灵牌的小阁，也称神龛。其表面常雕刻吉祥如意图案和帝王将相、英雄人物、神仙故事图像。其凹凸不平的表面会对投影色彩带来一定影响，为了兼顾成像效果，针对此投影载体做出以下优化：体现中国传统建筑檐部形式之一，飞举之势形如飞鸟展翅，轻盈活泼的飞檐部分；象征祖先、神化和夸大其氏族力量的龙纹雕花和龛门；神台支撑体系的龛座。

前期测试与分析：

把握了神龛作为投影载体的特性后，小组使用 C4D 软件制作 3D 模型，并选择 3D 打印的模型输出方法，不但大大减少了手工制作模型所需要的时间，而且保证了模型的质量。由于打印出来的模型大小在 500 ～ 600 毫米，如果使用普通常规镜头的投影机来测试，需要将投影机放在离投影载体 1000 ～ 1100 毫米的位置。投射点确立后，调节投影机的光圈大小，确保投射出来的光线要完全覆盖整个模型的边缘。

根据载体在投影光下的效果的特性，如光的反射效果和图像分辨率的效果（一般投影机需满足 1920 像素 ×1080 像素的分辨率），进行画面风格的预想和场景设计。经过现场对比分析发现，表面光滑的载体容易反射投影光线和色彩，造成色彩纯度不高的现象，而磨砂粗糙的表面更有利于色彩与投影纹理的表现。为了兼顾较好的视觉效果，对于表面光滑的载体，在投射图案风格上适宜选择色阶简约、轮廓清晰、色彩鲜艳的投影图案；对于表面相对粗糙的载体，在投射图案风格上的选择就相对宽广一些。

图案风格确定后，应根据选题表现的需要设计不同的场景。之后根据场景故事线索优化场景的先后次序与安排。

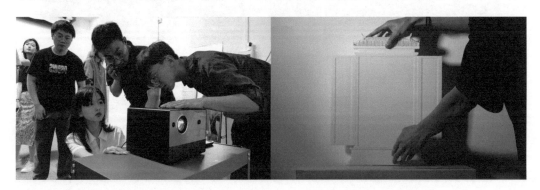

画面构思与表现手法：

第一个主场景注重画面元素的勾勒。蓝色示意位置的内部光线（暖光）缓慢亮起，从里面隐约透出房檐的结构（3 秒左右），再缓慢暗下（注解：房檐结构是投射上去的，让模型本身呈现出这些细节）。

蓝色位置亮灯，逐步交代内部空间。这个环节重复多次，每重复一次，空间都递推一层。当光最后一次亮起的时候，蓝色部分投影出整体细节，3 秒后投影出蓝色区域外的内容，如布料摆动的效果或者矩阵变化的效果。

灯光渐暗，火光渐出，沿着建筑的构造开始燃烧崩解，神龛建筑构造崩解，建筑变换切割，深度加大。主神位慢慢亮起，破碎造像现出，四周漂浮环绕着略显残破凌乱的经书卷轴，造像底部也散落着卷轴，其沿着神龛的轮廓滚落，苍凉破败。崩碎的造像伴随着"粒子特效"，象征着现代数字技术的光斑若离若现地归拢复原。

第二个主场景安排出现四个朝代的佛像艺术品作品。

首先是体现汉代佛教传入中国的金铜佛，金光普照，身后纹样缓慢放大推到画面前，呈现出金属粒子特效复原效果。

接着是唐代的玉飞天，画面里飞天腾云而上，将鲜花和香气散满人间，凸显大唐盛世，玉雕发展繁荣。

随后是魏晋的玉天尊，画面里柱子上碑文闪光，莲花绕柱而生。

最后是清朝的白瓷观世音，画面里光缓缓倾泻而下，青花瓷花瓣逐渐打开沿柱子逐渐上升，体现清代陶瓷业发展达到顶峰。

(汉) 金铜佛　　　　　　　　　　　　　　　　(唐) 玉飞天

(魏晋) 玉天尊　　　　　　　　　　　　　　　(清) 白瓷观世音

四个画面轮换之后，画面随即缓缓转暗，一盏聚光灯在画面中心亮起，洒在端坐中心的佛陀像身上。光束如同刺破黑暗的阳光，空气中飘浮着细密的灰尘，此时的佛像斑驳老旧。

随着画面逐渐点亮，神龛中的佛国世界也明晰起来，此处的历史元素借鉴了敦煌传统经变画中的"观无量寿经变图"。

美术内容制作：

经过3周的内容制作环节，最终输出投影成片，这条60秒左右MP4格式（1920像素×1080像素的分辨率）的投影成片在视觉和听觉上都应满足审美和主题表达的需求，做到首尾呼应、线索清晰、重点突出。

例如，在视频的开始，神龛载体白模呈现眼前，以逐渐亮起灯光作为画面的开幕，配合鼓点的变化，在展示神龛造型的同时，营造一种庄严肃穆的气氛，暗示文化的初现。

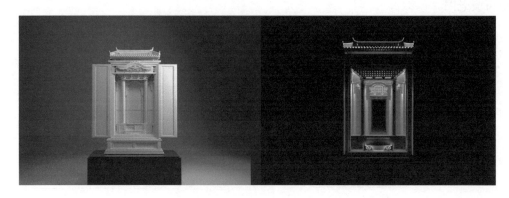

从无到有、从少到多、从简单到丰富的灯光和色彩变化，加上紧凑而丰富的视听语言，抽象展示文化从诞生到发展的传承构建的过程。在发展的过程中，为了很好地传达历史中文化变故的发生，艺术性地让本体——神龛由刚至柔转变，预示着情况的变化。

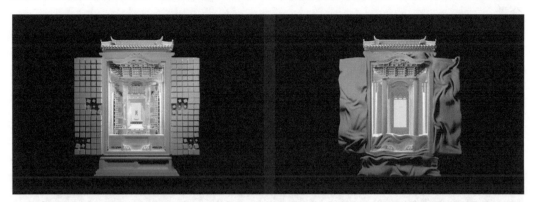

利用本体燃烧、故障特效等手法，表现文化在历史长河中多舛的命运。随着音乐节奏的加快，画面开始从具象转向不同抽象元素的快速变化，如秩序方格的凹凸起伏变化，以及龛门、龛座等本来硬挺材料变成像布一样的柔软材料。

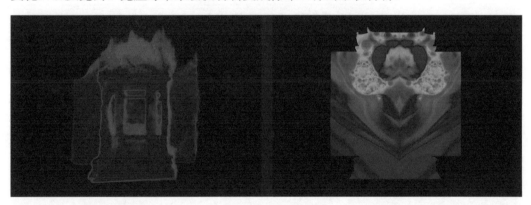

画面灯光按照前景、中景、后景的顺序逐渐亮起，古典书籍的卷轴在造型运动编排上呈现放射性扩散或倾泻而下，或舒展开来悬浮在空中的景象。而端坐正中的佛像随之陡然碎裂，之后通过数字修复手段恢复如新——暗喻新篇章开始。

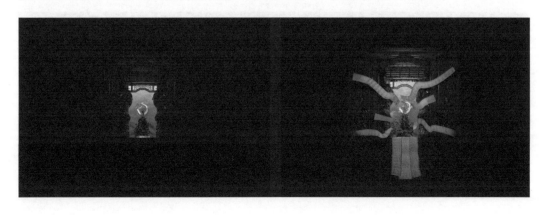

　　蓝绿色的光笼罩神龛，从抽象扭曲到回归本貌，逐一被还原细节。绿色的光模拟利用文物数字化采集扫描，自上而下的动效有效地赋予文物新的数字物理形态。随后将画面的镜头拉近到神龛内部，让新佛形象通过光影树立起来，随即转回气氛庄严的全景。

　　位于崎岖山顶的神庙间，观世音像由破碎的山石到完整呈现，随着鼓点迅速来回切换。古香古色的木门徐徐打开，殿内佛像金光闪闪，场景随音乐变换。

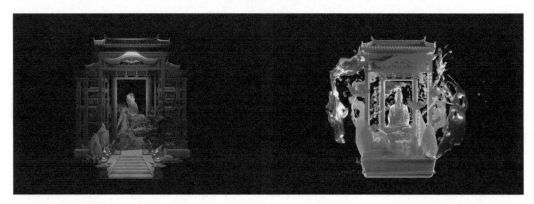

　　亭台楼阁间，敦煌飞天佛漫不经心坐卧，由粒子逐渐合一，依旧跟随节奏切换至其他场景。莲池内，金莲出水，清水荡漾，依稀勾勒出南海观世音像，节奏渐快，一次次场景的转换后，佛像的面目越发清晰。

音乐归于平缓，阳光穿破厚重的雾气，逐渐清晰的是失落破败的佛国孤岛。随着表面泛起鎏金的粼粼波光，须臾之间，破败的景象被赋予了新的生命力，古国千载的历史光辉此刻重临，过去不相容的文化潮流也于此刻共浴包容开放的阳光。随着耀眼的金光，画面迎来高潮，作品的光效表现达到顶峰。持续 8 秒后画面渐渐隐退结束。

案例 5-16　AVA V2　作者：伊斯坦布尔 Ouchhh 团队

作品用绚烂的视觉效果表现物理学中的宇宙射线，表达"半球、人类、宇宙射线"三者之间的碰撞。作品一开始从全黑的半球中间出现逐渐变大的亮的半球，先由点形成半球面，来实现两个点的穿插转换，再由点转化成线形来表达宇宙射线，节奏较快，而由线连接的点与线呈波浪的形态上下漂浮，表达宇宙射线的浩瀚。

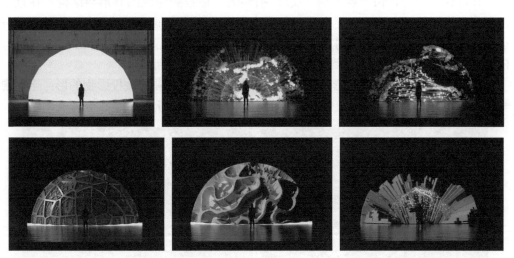

案例 5-17　浮岛　作者：UFO 工作室

作品以旧物叙事，用上百根使用过的脚手架钢管搭建成矩阵空间。在器物承载的历史性背后，讲述某种带有宇宙遗迹般的神话故事。作品以声音特有的塑造力与叙事感异化了建筑体的空间性、材质性、象征性和情节性。视觉部分以极具抽象意味的几何构成变幻为主基调。抽象图案与建筑矩阵的斑驳材质形成鲜明对比，在虚实空间内交叉侵蚀。图像与声音交织成赋有科幻迷性的感官刺激，并蕴含失重般的混沌感。

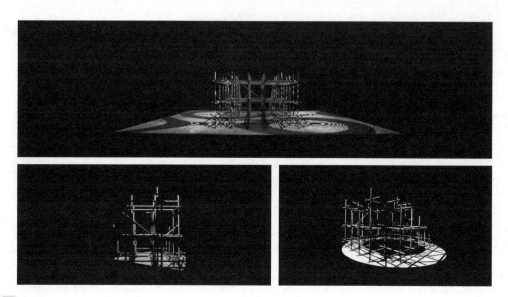

案例 5-18　Interconnection　作者：Limelight

　　作品是从"点"这一元素开始展现的，点状光从大楼的顶部落下，配合着好似烟花升入空中时的嗡鸣声，随着这一"点"落下，炸开，形成不同方向的线，沿着建筑的结构向四周发射，描绘了整栋大楼的外形与结构。紧接着，大楼底部"生长"出树状的光束，之后这个光束分散成点、线，再一次描绘了整栋大楼的外形与结构。

　　开幕这一部分，由"点"到"线"，描绘的是被投影建筑的外形与结构。在这个过程中，投影的颜色也发生了变化，从明度高变化到明度低，同时，大楼的某些部分也在扭转着变化，像在朝不同方向翻动的书页。将原本静止的形动态转化成另一种形，依据透视原理，在平面上展示出立体空间，并适时变化光的颜色。

　　作品既借用被投影物的形，又运用光，在合适的时机破掉被投影物的形；运用视觉技巧，在被投影物上构建出创作者想要表达的空间、感情及内容。

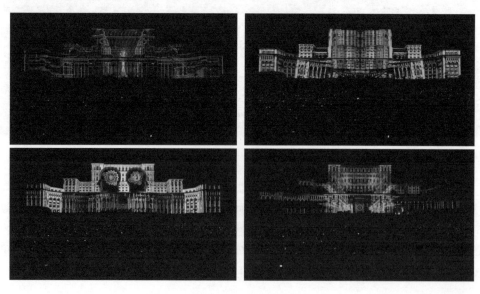

案例 5-19 骰子 作者：天马 3D 全息科技

骰子在日常生活中似乎是一个平平无奇的正方体，但你投下骰子，将看到由一个简单的圆点构成的无限种可能性。《骰子》是一个投影在三层金字塔结构上的生成艺术作品。以骰子的元素——方块、圆点和数字 1～6 为出发点，用实时运行的代码生成多种美丽的图形。这不仅是对数字与计算的艺术探索，也是对几何图形在视觉艺术运用上的探索。通过创造视觉和声音来展现规律性与不同层次的美感。随着张力逐渐发展形成，每个动作都具有自己的元素及氛围。

案例 5-20 井 作者：林万山

作者尝试用新媒体的手段完成这个艺术项目，选用社区的一口老井作为符号载体来建立一些联系，内容衔接自然，点线面的作用和转换十分巧妙且有故事性，线面的转化使内容丰富有趣，也使井这一投影对象变得生动且富有变化，进而引发人们的思考：什么是时代发展的代价和情怀，其保留的是什么？

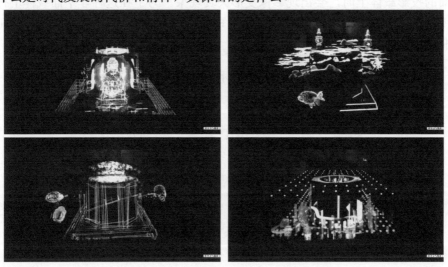

第6章

3D Mapping 艺术应用形式

3D Mapping 是投影艺术中的专用名词，也称投影映射或视频映射，也有人称之为空间增强现实。具体来讲，3D Mapping 是一种通过空间映射将 2D 或 3D 内容投影到物体表面上的视觉化、动态化呈现技术，同时也是利用投影改变现实世界物体外表的空间增强现实技术，其特点是不需要额外的穿戴设备，能利用任何形状的物体表面显示数字内容，但是必须要有介质载体才能成像。因此，任何日常载体（如建筑物、雕塑、汽车和人）借助计算机的编程控制都可以产生预期效果，并在投影技术的作用下产生表皮变形、扭曲、错视觉、变幻肌理等视效。

3D Mapping 需要在三个维度上对投影对象进行概要分析，可以使用多种方法对区域或对象进行 3D 轮廓分析，利用全光方法或 3D 自动成像技术检测投影范围并三维建模。投影系统由单台或多台投影仪组成，是集成了硬件平台及专业显示设备的综合可视化系统工程，整个系统包括展示对象、投影仪、高级仿真图形计算集群及相关辅助配件等，用于产生高度真实感、立体感来表现 3D 场景，再配上音乐与声音特效，可以达到震撼的效果。

从 3D Mapping 的实现原理来看，3D 图形显示流程大致可分为 6 个模块，这些模块就是 3D 投影技术所需要的条件，但是只有根据现场载体和内容进行实时微调，才能达到预想的视觉效果与冲击力。所有投影仪在设计时都是针对平面投影屏幕设计的，投射出的画面也是矩形的（通常为 4∶3 或 16∶9）。而当这样的投影仪把图像投影到非平面的投影载体上时，会出现影像变形失真现象。为了在这种非平面载体上得到正确的图像显示效果，就必须对生成的实时图像进行处理，这种图像变形失真矫正处理称为非线性失真及数字几何校正。

3D图形显示流程图

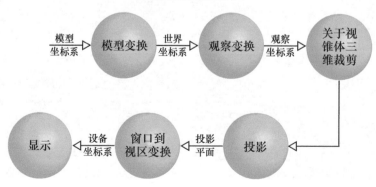

投影技术是 3D Mapping 得以实现的根本前提。一部有创意的影像作品，除了需要二维动画、三维动画及音频制作等内容制作技术，还需要整合多屏幕融合、多曲面校正、虚拟现实、实时互动等多种新媒体技术，再配合投影仪的稳定输出，才能创造令人耳目一新的视觉效果与沉浸体验。因此，投影技术的快速发展展现了强大的应用前景和产业渗透能力，新的应用场景不断出现，促使更多形式的投影载体被发掘应用。同时，3D Mapping 投影系统的开发应用将为展示一些特殊载体形态提供便利。

3D Mapping 不仅是科技与艺术的演绎，其新颖的形式在商业、艺术、公共活动、文教医疗等领域发挥重要作用，备受瞩目，对树立企业品牌形象、展示企业文化、城市品牌形象、文化艺术教育等，可以达到很好的宣传推广效应。目前，3D Mapping 已成为文化旅游、庆典活动、品牌营销、舞台戏剧、艺术创作等领域新兴的展示方式。

6.1　3D Mapping 的投影类型

按照投影原理，只要具备反射光子的物理条件，万物皆可成为投影对象，载体的介质、形状及动静状态会影响最后的呈现效果。当然，投影技术的快速发展为 3D Mapping 艺术创作提供更多的可能性，产生更多的投影类型与呈现方式，带来更多的应用场景，这些都在不断刷新人们的认知体验。

6.1.1　平面投影

平面投影是常见的一种投影类型，投射的载体表面相对光洁平整，几乎所有投影仪都是针对平面投影屏幕而设计的，包括室内墙面、地面、桌面、幕布等。

案例 6-1　Tiny People Tribe / Magic City Projection Mapping Installation（小人部落 / 魔术城投影测绘装置，2017）　作者：Motomichi

此装置是为"魔术城 – 慕尼黑奥林匹克中心的街头艺术"制作的，展出了班克斯（Banksy）、布莱克·勒·拉特（Blek le Rat）、罗恩·英吉利（Ron English）、奥列克（Oiko）、丹·威兹（Dan Witz）等来自 20 个国家的 66 位艺术家的作品。此装置中的所有物品都是宜家家具，作者 Motomichi 在慕尼黑的宜家商店购买了完全相同的物品在展览中安装。

案例 6-2　Onde Pixel 装置（2016）　作者：Miguel Chevalier

　　Miguel Chevalier 将他最新的生成式和交互式虚拟现实装置在米兰的 Unicredit 展馆展出。Onde Pixel（高像素）装置像一块 20 平方米的巨大光毯，铺满了地板。交互式装置由不断变化的彩色图形场景和源自数字宇宙的符号主题序列组成。这些由数千种形状组成的图形在地板上如波涛海浪般翻涌流淌，并随着作曲家雅各布·巴波尼·席林吉（Jacopo Baboni Schilingi）的音乐节奏在地板上此起彼伏，传感器使这些图形随着参与者的运动做出互动反应。实时变化的图案融合在一起，不断创造新的图像内容，提供令人愉悦的视觉体验。

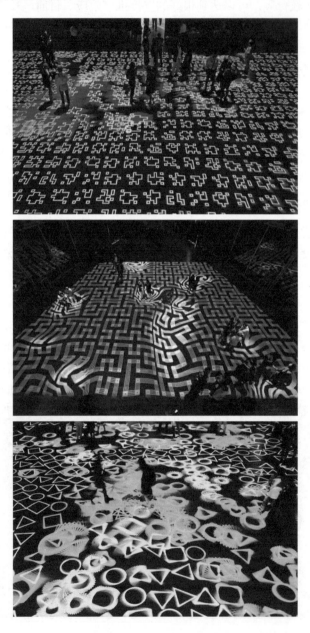

案例 6-3　Fraunhofer 年度会议的地面投影（2014）　作者：Onliveline GmbH，
Freider Weiss，Heinz Stricker

　　2014 年，Fraunhofer 年度会议的颁奖典礼上，组织者精心制作了一个名为"能源空间"的地面投影，旨在体现能源与创新之间的相互作用。展演的核心是一个比观众席低 4 米、长约 15 米、宽约 20 米的地面投影空间，表演内容由现场表演者与预先录制的交互式视频内容组合而成，表演支持由现场表演者执行。各种表演者可以在投影上自我发挥，也可以互相配合，创造了一种具有非凡视觉效果的艺术形式，让现场观众沉浸其中，叹为观止。

　　互动节目的设计和舞台来自 Onliveline GmbH，Freider Weiss 提供互动内容，Heinz Stricker（Media3）制作视频内容。另外，使用了 8 台 Christie 投影仪，它们悬挂在高 11 米左右的元件上，并通过交互式远程媒体无线连接控制内容。地面上的投影区域由三个单独的部分组成，这三部分使用软边缘工艺合并为一个舞台。每部分都使用两台 Roadster HD18K 投影仪，形成双投影。为了实现这一点，每台投影仪都被分配了自己的信号，以便单独调整每个图像。还有两台 Roadster HD20K-J 投影仪用作响应表演者动作的交互式媒体系统的一部分。所有光学调整都必须由内容运营商在现场进行，确保从离地 11 米这个高度投影图像时可以正常叠加。

6.1.2 立体投影

立体投影是指影像内容投射在 360°立体界面的投影形式，使用多台投影仪从不同角度投放内容，观众可以从不同角度获得同步的画面效果。包括立体形态、立体艺术装置、户外雕塑等。

案例 6-4　杰克，投影雕塑装置（2015）

"杰克"是一个投影雕塑装置，由 Marco 委托，Museo de Arte Contemporáneo de Monterrey 作为 Pictoplasma 的"人物肖像"展览的一部分。

案例 6-5　Bozzolo　作者：DrawLight & Rabarama

意大利 3D 制图工作室 DrawLight 和意大利著名艺术家 Rabarama 曾合作创立了一个 360°人体雕塑投影秀，改变内部材料实现影像实时变幻且不受外部影响。因此，他们被誉为立体投影的未来。使用创新的 3D 视频映射技术和 360°投影，给 Paduan 艺术家 Rabarama 的雕塑 Bozzolo 赋予新的生命。视频内容完全以 3D 形式再现，并完美投影到雕塑上，追溯了艺术家的概念灵感。投影内容赋予这座由白漆制成的雕塑不同身份。投影仪与作品几何图形的完美同步及内容的高质量保证了逼真的效果。

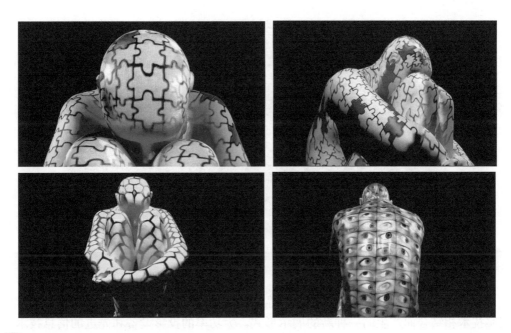

案例 6-6　团结雕像（2018）

　　团结雕像是目前世界上最高的雕像，旨在向极富远见的印度政治家萨达尔·瓦拉巴伊·帕特尔（Sardar Vallabhbhai Patel）致敬。在白天，这座宏伟的雕像成为一道动人的风景，即便在七千米之外也能被看见。夜幕降临之后，雕像的正面就变成光雕投影的画布，艺术家在 182 米高的雕像上投射出明亮而生动的图像，以引人入胜的方式讲述高瞻远瞩的印度领袖鼓舞人心的生活故事，动态的视觉效果和彩色激光吸引了成千上万的观众，同时也为观众带来了多重感官的巨大冲击。

　　这一壮丽奇观由科视在印度的合作伙伴 Pyramid Technologies 公司和德国激光表演制造商 HB-Laser 联袂打造，共使用 51 台科视 Crimson WU25 3DLP 激光投影仪。团队负责设计策划、内容创作、故事图片制作，供应、安装、测试、调试 Crimson 投影仪和 HB Laser 制造的激光设备，共同奉献一场气势恢宏、精美绝伦的光影秀。

6.1.3 建筑投影

建筑投影又称裸眼 3D、3D 投影秀等，是指将传统的建筑设计、影视艺术与虚拟现实技术相结合而产生的一种新的展示形式。大功率的投影设备和先进的信息技术为建筑投影的实现提供了软硬件支持，结合建筑本身的结构特点而设计的 3D 数字动画投射到建筑表面上，使虚拟的影像与真实的建筑建立关系并形成一个有机的整体，营造出真假难辨、虚实难分的感官视觉效果。建筑投影在建筑界面和影像之间寻求一种新的融合方式，打破原有对传统建筑表皮"平面"的视觉认知，为建筑表皮延展立体感和空间感，使建筑空间承载了信息传播的功能，赋予建筑全新的意义与功能。

案例 6-7 O.R.B Mapping（2019） 作者：亚恩·恩格玛

日本小田原城堡坐落于日本神奈川县小田原市，是一座优雅而美丽的平城城堡，为小田原市最上镜的地标建筑，被列为日本指定的国家文化遗迹之一。O.R.B Mapping 投影的内容受日本国旗的启发而发展，以现代性与传统性相结合的形式展开图形研究，采用最新的图像制作技术表现这座建筑遗产，激光的使用加强了视觉动态效果。

案例 6-8　TIMES（2016）　作者：SKG MEDIA

　　莫斯科"光之环"国际灯光节是国际十大投影灯光节之一，是灯光投影界一年一度的盛事，每届都会邀请世界各国多媒体技术、灯光技术等方面的顶尖人才参与。来自中国深圳创意团体 SKG MEDIA 首席设计师龚震的作品 TIMES 在 2016 年莫斯科"光之环"国际灯光节上获得古典组大赛银奖。本次比赛古典组选择的建筑是高 45 米、长 75 米的莫斯科大剧院。本作品时长 220 秒，画质分辨率高达 5K（5120 像素 ×2880 像素），创作历时 2 个多月。TIMES 以追溯时空为脉络，选取古文明的兴起和历史上多个重大事件为时间节点，划分 19 个篇章。从古巴比伦、古埃及、玛雅文明到文艺复兴，从大航海时代到现代社会，直至科技爆炸的未来，作品用抽象艺术化的手段定格了人类历史上的数十个重大时刻。作品主题气势恢宏、画风多变，在投影现场，观众情绪高昂，气氛热烈，好像做了一场如痴如醉的梦，完全沉浸在历史的浩瀚画卷中。

莫斯科大剧院

三维模型设计

CINEMA 4D三维动画设计

6.1.4　汽车投影

　　汽车投影以车身为载体进行投影内容的演绎，载体是真实汽车或汽车模型，通常投影到车顶、车侧身、车头、车尾等能反映汽车特征的部位。汽车作为投影载体有其独特的优势。首先，因车型种类多样，要对车体轮廓进行勾勒，通过颜色、纹路变化改变汽车表皮多样性，这是投影艺术中常见的展现汽车外观特征的方式。其次，因汽车与生俱来具有动态感，运用 3D 投影动画将汽车的内部构造展现出来，进而模拟车子在运动过程中各部件的工作状态，特别是通过音画效果展示汽车的引擎动力。最后，行车模拟测试，用背景周围画面的连续移动变化展示汽车对路况与环境的适应性，用车轮的定点投影模拟汽车的行驶速度。

　　汽车投影的作用是表现不同车型的特征、性能、动感和速度，提升汽车品牌的时尚品位，因此，投影内容应直观展现汽车的流畅造型与设计理念，制造更多的视觉惊艳创意场景及感官的顶级愉悦享受，为汽车品牌带来话题性与影响力。

案例 6-9　捷豹投影秀　作者：Auditoire（中国）

　　捷豹投影秀是 Auditoire（中国）团队运用 5 台投影仪在一辆半透明的汽车上进行创作的，透视车中的 LED 引擎，通过震撼的音效展示引擎的澎湃动力。以车身为载体，利用雨水、绿叶、火焰、城市等元素的精妙演绎，展现汽车品牌的造型特点、车身流线、变幻色彩、制造工艺，以及在不同环境道路上的适应性，显示出捷豹汽车时尚、华贵、高性能的品牌特点。

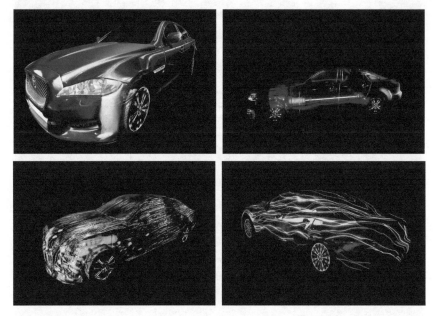

案例 6-10　The Last Ikarus，公交汽车投影装置（2020）　作者：Studio Phormatik

　　作者 Studio Phormatik 选取了一辆老式的 Ikarus 公交汽车作为投影载体，并将其放置在索非亚的一个著名景点里，360°投影为数千名观众创造了独特的奇观。该装置利用公交汽车为载体讲述穿越时间的故事，也表达科技发展和社会进步的意义。

6.1.5 船体投影

船体投影是把船体打造成一个巨大的光影艺术演绎平台，结合船体结构特点进行非常规的投影，形式新颖独特、强势震撼，在广阔水面或城市夜景的衬托下更具视觉上的冲击力，炫目多彩的动态画面将观众带入了一个全新的视域，同时配合 3D特效和大型音效系统，创造更多的视觉惊艳场景表现，也为内容创作带来广阔的视域空间。

案例 6-11 *未来之光* 作者：光影百年 & 幻鲨文化

未来之光是国内首创 170 米超大型轮船体 3D Mapping 光影秀。光影百年 & 幻鲨文化作为此作品的总策划团队，怀着对深圳这座年轻而有梦想的城市的满满情怀，以形态炫酷的时间年轮和精彩绝伦的特效动画呈现深圳近 40 年的发展成就。其中既有对过去奋斗者的深情回忆，又对中国芯片、5G、云计算、无人机、新能源汽车等高科技产品寄予厚望，寓意大数据时代的降临，引领着创新之都飞驰进入未来，展现一座朝气蓬勃、繁花似锦的追光之城和新一代追梦人的意气风发。

案例 6-12　穿越火线·百城联赛（2019）　作者：SKG MEDIA

天津"基辅号"航空母舰的前身是苏联海军隶下的一艘航空母舰，是世界上第一艘搭载垂直/短距起降战斗机的航母，现在它是天津市游船旅游的一个景点。本作品以该舰体作为巨幅投影载体，采用多媒体技术和投影技术，在航空母舰上营造置身事外的多维空间视感，给予游戏玩家和参观者一个虚拟与现实的双重世界，沉浸式的投影和纵横交错的灯光给"基辅号"航空母舰带上了一层神秘的面纱，呈现出全新的面貌。各种视觉效果的依次呈现，演绎出穿越火线的热血战场，同时也点燃了现场军武主题竞技的火热气氛。

6.1.6 沙盘投影

沙盘投影是利用投影设备结合模型，将动画内容投射到物理沙盘上，从而产生动态变化的表现形式。具体来说，沙盘投影是指运用多通道投影图像拼接、立体空间 3D 音效、智能化媒体设备控制等技术，在传统物理沙盘的基础上，增加多媒体展示与互动功能，充分体现区位特点、配套设施、项目特色等信息，使沙盘的演示效果更形象、生动，内容更丰富，从而打破人们对沙盘刻板单调的印象。

案例 6-13 水晶数字沙盘

水晶数字沙盘是在水晶体上利用声、光、电、图像、3D 动画及计算机远程控制技术，运用数字投影实现的数字沙盘，可以充分体现区位特点，达到一种惟妙惟肖、变化多姿的动态视觉效果。对参观者来说，这是一种全新的体验，并使其产生强烈的共鸣，比传统的沙盘模型更直观。

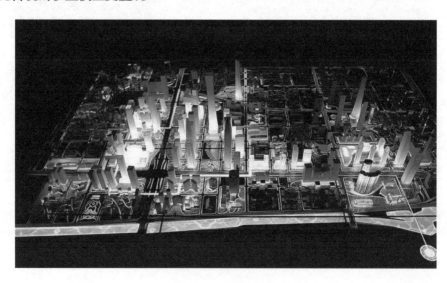

案例 6-14　地质构造增强现实沙盘

　　内布拉斯加大学林肯分校地球与大气科学系使用增强现实技术建造了沙盘，帮助学生更好地了解地质构造，在脑海中转译通常需要在 2D 地形图上描绘的景观，还有助于描绘驱动天气事件并为预测提供信息的大气压力分布。此沙盘制作简单，由一台带有优质视频采集卡的计算机、一台投影仪、一个 Microsoft Kinect 游戏传感器及 90 公斤沙子构成。Kinect 游戏传感器将近红外光点网络传输到沙子表面，并测量它们反射并返回传感器所需的时间。这些测量允许系统计算许多单独点的距离，并最终定义沙子的 3D 轮廓。读数被传输到运行开源软件的计算机，该软件连续分配颜色值并根据表面轮廓模拟水动力。计算机将相应信息发送给投影仪，投影仪可以逐秒更新其叠加层。

　　增强现实沙盘将在实践教学上发挥重要作用，鼓励学生主动地、基于探究地学习，提升学生的参与度和热情。作品将"反映地质层高低差的二维图像"投射到"三维起伏的沙盘"上，帮助学生建立起"三维的空间尺度"概念。

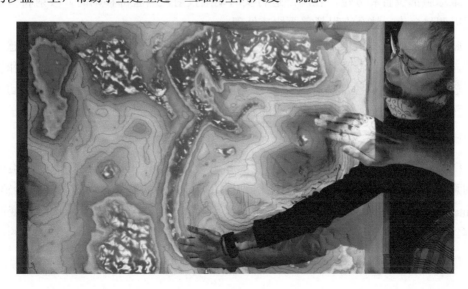

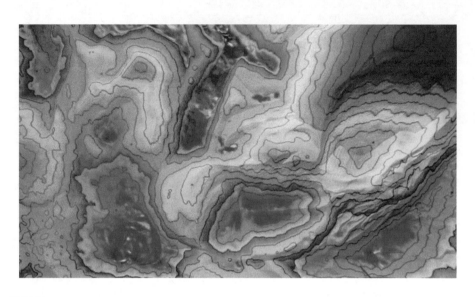

6.1.7 脸部投影

脸部投影是当下备受瞩目的投影技术。2012 年，葡萄牙的创意团队 Oskar & Gaspar 受三星公司邀请，第一次在脸部和人体上投影。他们使用 3D Mapping 技术在脸部构建多个角色，模特的脸被化成白色画布，图像或动画直接被投射在模特脸上。后来，这个作品成为他们最具代表性的作品，Oskar&Gaspar 成为世界上第一个在脸部投射图像内容的创意团队。

实时脸部跟踪和投影映射的系统是 Paul Lacroix、Nobumichi Asai 创建并开发的。毕业于日本东北大学的 Nobumichi Asai 是一名技术型艺术家，以动态镜像投影作品、脸部跟踪及 3D 投影艺术闻名，创作了许多实时面部投影艺术作品。

脸部投影属于实时对位投影，有实时生成的特性。利用传感器识别提取 3D 信息，同时跟踪脸部位置和方位，在脸部进行实时动画投射。当脸部移动时，投射将会实时捕捉以调整变化，整个流程都需要快速处理。

脸部映射的过程依赖于两个在同一台计算机上同时运行的软件，一个是传感管理软件，负责控制传感器和从传感数据中提取 3D 信息；另一个是实时脸部追踪和投影映射软件，负责估算脸部所在的位置及方位，呈现、渲染 3D 模型，投射 3D 动画视频，而且这些投影可以根据模特的面部表情随时切换，完美贴合脸部。

案例 6-15 Omote（2014） 作者：石川渡边实验室

Omote 是日本东京大学石川渡边实验室开发的项目，Omote 在日语中是脸或面具的意思，艺术家认为脸是艺术中最精致且功能最强大的载体，可以传递微妙感情。Omote 项目的第一个作品，利用人脸映射跟踪技术，实时追踪人脸，从而改变脸部妆容。作品受到能剧的影响，通过新技术展现日本戏剧的艺术之美，关注人的精神世界。

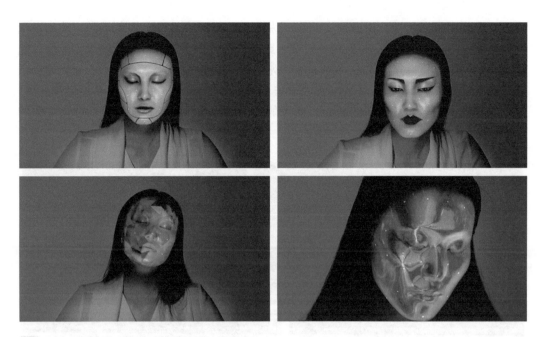

案例 6-16　CONNECTED COLORS（2016）　作者：浅井宣通

　　由艺术家浅井宣通策划和制作的 CONNECTED COLORS，将生活的共存概念化，旨在传达人类对地球生命和谐共存的渴望，以大自然的色彩为中心主题，用电子化妆艺术呈现各种色彩的交融和谐。

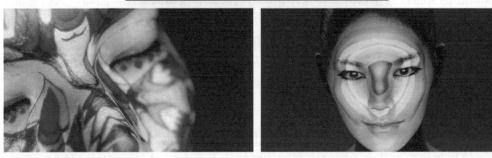

案例 6-17　INORI（2017）

　　INORI 是 Omote 项目的作品之一。由东京大学石川渡边实验室和东京电子器件共同开发，利用东京大学石川渡边实验室开发的动态投影映射技术跟踪手部，使用视觉设计工作室 WOW inc 开发的人脸映射技术跟踪脸部。作品中的放射性图案、骷髅、能剧面具、被切割的脸分别代表"破坏力""死亡""痛苦""悲伤"；《心经》文字代表"祈祷"和"希望"。伴随着舞者 Aya & Bambi 的表演，美丽的脸庞接连变身骷髅和恶鬼，黑色的眼泪、头骨、被切断的面孔、痛苦的能乐面具和《心经》文字成为一件完整的作品。

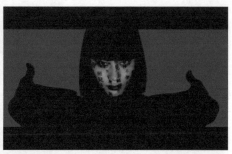

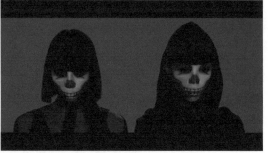

6.1.8 人体投影

　　数字投影大多选取建筑、雕塑、汽车、舞台等静态物体，特殊情况下也会选用一些活动物体作为显示介质。近年来，一些创作者尝试利用人体全身进行投影实验，并成功在人脸或人体其他局部进行投影展示，取得了一些有趣的视觉创意。人们还利用 Microsoft 的 Kinect 传感器对真实人体轮廓进行跟踪和投影的应用。然而，人们更希望在动态的人体全身上有所收获，以便在舞台表演、虚拟图像显示及人物的动态变换装、医学教育、增强现实游戏人物特效等方面获得新的应用进展。然而人体是一个复杂的可形变的多维载体，处于各种复杂动作的人体常常使系统投影延迟导致图像内容处于失真状态，因此需要对其进行快速实时的跟踪和同步修正。

🌐 案例 6-18　Ink Mapping（2015）　作者：Oskar & Gaspa

　　Ink Mapping 是一个使用投影仪将人体文身图案动态化的作品，作者 Oskar & Gaspa 使用视频映射技术，通过定制的动画使艺术家 Eduardo Cavellucci 和 Igor Gama 的文身栩栩如生。作品以模特的文身为基础，Oskar & Gaspar 构建了增强的迷宫视觉效果，轻巧的游戏及深度的运动幻觉为各种文身风格提供了流动性，从一条黑蛇在模特的躯干上滑行，到一条蝠鲼漂浮在模特的大腿上，再到像陀螺一样旋转的马赛克曼陀罗背部，让它看起来很真实，就像从皮肤长出来的一样。

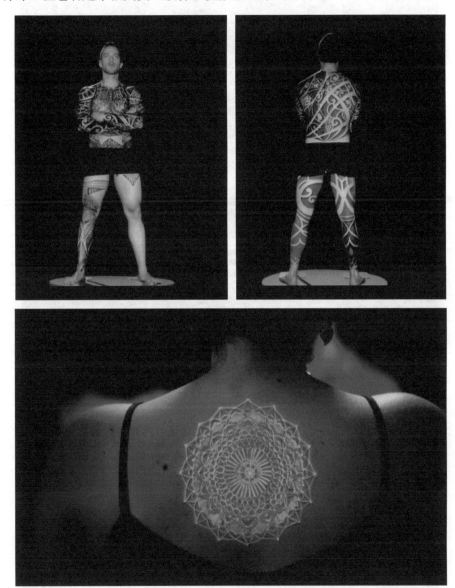

案例 6-19　Spending all my time（2013）　作者：Rhizomatiks

2013 年戛纳国际创意节上，日本新媒体艺术家真锅大度的团队 Rhizomatiks 为电音组合 Perfume 表演的曲目 Spending all my time 设计舞台，通过动作的实时捕捉生成各种不同的影像，她们的服装也会跟随舞蹈动作的变化而调整。作品创作之初，制作团队搭建了一个粉丝互动平台，并且在网站上分享了 Prefume 的原始声音、动作捕捉数据及处理插件，吸引粉丝参与创作，同时也将粉丝的推文制作成投影图案，利用红外技术完成演出。

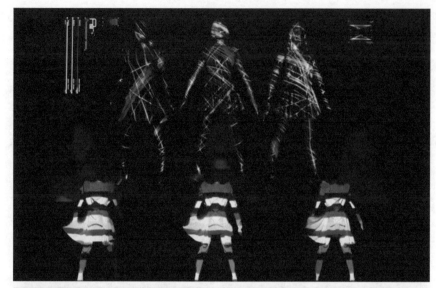

案例 6-20　EXISDANCE-Real Time Tracking & Projection Mapping（2017）　作者：安藤隼与 Kikky

　　此项目源于松下公司和创意工作室 P.I.C.S. 的合作，使用了松下的 EXISDANCE 实时跟踪和投影技术，通过特定的图像采集硬件对动态身体进行跟踪显示，表演者 Kikky 无须预设时间节奏表演来配合固定位置的投影，而是按照表演需要实时改变投影映射内容和位置，从而获得更多的表演空间，现场立体感和表现力也会更强，尽管结合武术和舞蹈肢体动作较大，投影内容始终保持较高展示精度，不会因为移动而模糊，给大家带来了全新的视觉效果。

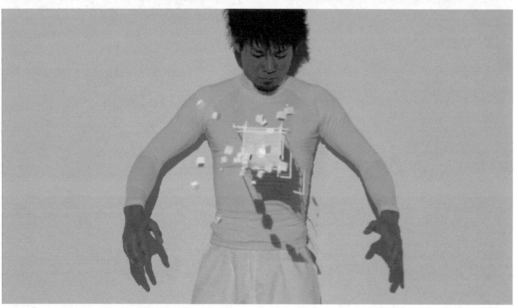

6.1.9 旋转跟踪投影

旋转跟踪投影的工作原理是把被投影物体摆放在转盘上，转台底部的舵机会实时发送数据给 Mapping 系统，系统会读取舵机的数据并将其换算为角数值，再赋值给Mapping 的模型实现同步旋转。

通常，实现动态跟踪旋转实物模型的实时投影系统包括承载展览模型的转盘、步进电机、控制计算机、投影仪。其中，转盘固定连接步进电机，步进电机连接控制计算机；控制计算机用于预定展览模型在转盘上旋转展示过程中的旋转模式。利用控制计算机的 3D 建模软件创建出需要展出物品的等比例的 3D 模型，通过多媒体播控系统采集 3D 模型以预定旋转模式旋转的视频流图像数据；控制计算机控制步进电机，使展览模型以预定的旋转模式旋转，控制计算机控制投影仪同步向展览模型投影视频流图像数据，实现动态跟踪旋转展览模型的实时投影。

案例 6-21　纽约 EDC 电子音乐节"夜间奇境"之毛毛虫　作者：Todd Moyer Designs

　　这个巨大的毛毛虫装置由 Todd Moyer Designs（托德·莫耶设计工作室）受 Insomniac Events 委托打造。4 台高清投影仪分别安装在距离装置约 33.5 米之外的地方。这只"毛毛虫"采用的是类似"泡沫"的材料，经切割塑形后拼装组成。3ds Max 和 TouchDesigner 分别用于建模和制图，以实时追踪旋转的装置并呈现出不同的图案。这是一个由人力驱动的旋转跟踪投影雕塑，色彩绚烂的动态投影效果使它的出现瞬间点燃了现场观众的激情。

案例 6-22　HALO DOG 旺财犬　作者：幻鲨影视

这个高 8 米的"旺财犬"是 Halo park 光乐园的吉祥物，由幻鲨影视制作。它的特长是集表演和互动为一体，每半小时表演一次，每场持续 4 分钟，自带音效、灯光，还可以旋转。这在亚洲首次实现了 360°实时追踪旋转投影技术与 3D Mapping 精确投影技术的无缝链接。

6.1.10　折幕投影

折幕包括两折幕、三折幕、四折幕、五折幕、八折幕等，折幕投影是使用多台投影仪采用多通道投影融合技术拼接融合而成的。其幕布是由多块投影幕拼接而成的多通道折幕，投影仪将画面投射到折幕上显示。可以实现超大尺寸的整块折幕屏，配合全方位立体声与影片情节，演绎精彩绝伦的沉浸式视听故事，给观众提供一种极强的包裹感和沉浸感音画体验。

投影融合是将一组投影仪投射出的画面进行边缘重叠，并通过融合技术显示出一幅没有缝隙、更明亮、超大、高分辨率的整幅画面，画面的效果就像一台投影仪投射的画面。当两台或多台投影仪组合投射一幅画面时，通常会有一部分影像重叠。边缘融合的主要功能是把重叠部分的灯光亮度逐渐调低，使整幅画面的亮度一致，从而实现多块投影幕组合形成一块完整的大"屏幕"。

多通道折幕投影系统是多个投影系统组合而成的多通道显示系统，比普通的标准投影系统有更大的显示尺寸、更宽的视野、更多的显示内容、更高的显示分辨率及更具冲击力和沉浸感的视觉效果。其中，折环幕投影系统非常适合户外展览会、企业的演示展览厅、飞机或汽车模拟驾驶训练、大型游戏厅、大型游乐园、博物馆、科技馆、城市规划馆等。

1．L 型折幕投影

L 型折幕投影通常由两块投影幕组成或直接借助墙面和地面，利用两台投影仪及投影融合技术营造出无缝完整的画面。双幕既可分别显示独立构图的画面，又可结合在一起显示一个完整画面。

🌸 **案例 6-23** 消失的边界系列（2016） 作者：teamLab

消失的边界系列作品的空间同时存在着多个季节，而这些季节会缓缓地逐渐变换。花朵会配合一整年里不断变换的季节，改变生长的地点。花朵从诞生、成长、结出花蕾、开花，到凋谢、枯萎、死亡，也就是说，花朵永远重复着从诞生到死亡的过程。如果观众站住不动，他们附近的花朵就会生长得比平时更多且持续绽放；如果观众触摸或踩踏花朵，花朵会逐渐凋谢直至死亡。此作品不是将预先制作好的影像进行放映的，而是通过计算机程序实时绘制而成的。因此，图像并非复制以前的状态，而是受到观众行为的影响持续发生变化。眼前这一瞬间的画面，错过就不能再看到了。同时，它还影响其他图像，或者因其他图像的影响而产生变化，生成新的内容。

2.三折幕投影

三折幕由三块投影幕组成,三折幕投影利用三台投影仪,采用投影融合技术,创造出超大无缝的逼真画面。利用电影特有的技术优势,使观众在高质量的音画环境包围之中,产生身临其境的强烈的现场感。

3.环幕投影

环幕投影是一种投射在环形、弧形或曲面投影幕的投影形式,以多通道投影融合技术为基础,配以超大宽幅投影画面的视觉包裹感。观众被立体画面及立体声包围,感觉自己是视频环境中的一员。弧度越大,沉浸感觉越强烈,充分满足观众对视觉的要求,再加上环绕式的立体声效与内容相融合,演绎出沉浸式的美轮美奂的视听盛宴。

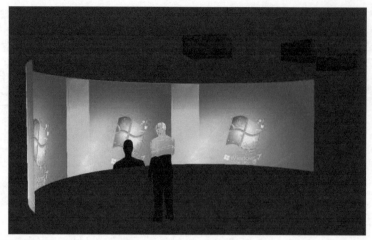

环幕的弧度通常有 120°、150°、180°、270°、360°，视听效果各不相同。例如，360° 环幕作为一种能显著扩大观众视野的投影形式，能使风光纪录片、旅游影片及城市规划设计、科幻模拟等具有独特的艺术魅力，在科技馆、博物馆、规划馆、立体影院等行业的应用越来越多。观众在观看 360° 环幕电影时可以欣赏美丽的自然风光，倚靠栏杆自由地从各个角度猎取画面，感受真实的立体效果。影院全方位的立体声传播，其真实感远远超过其他形式的电影和电视，会让观众产生一种身临其境的强烈的临场感，感到一种特殊的艺术享受。

案例 6-24 *水粒子世界，超越边界（2017）* *作者：teamLab*

首先，teamLab 在虚拟空间里制作立体岩石，在岩石上注入水流，水流用无数水粒子的连续体表现。接着，计算粒子之间的相互作用，将这些水流经物理引擎模拟为真实的流水活动。最后，在所有水粒子之中随机挑选出 0.1% 的水粒子，根据这些水粒子的举动在空间中描绘出线。而这些"线的集合"就形成瀑布。如果有人站立在作品上，就会变成一个能阻挡水流的岩石，改变水的流向。作品会受到人们行为举止的影响，并且持续产生变化。而这一瞬间的画面，观赏者永远无法再次见到。

案例 6-25　梵高·星光灿烂的夜晚（2019）　作者：Atelier des Lumières

　　2019 年，沉浸式梵高艺术展"梵高·星光灿烂的夜晚"在法国巴黎光之博物馆开启，结合音光电，使画家梵高的作品被赋予新的艺术生命。展览精选梵高的多幅画作进行数字化处理，35 分钟的声光表演，超过 2000 个动态影像，是梵高生平轨迹和艺术创作的缩影。墙壁、地面都成了艺术的载体，流动的画面和声音布满了整个展厅，观众可以自由感受这种超越边界的艺术，穿越时空，致敬经典。

6.1.11 穹幕投影

穹幕投影又称球幕投影、圆顶投影，是一种新兴的展示技术。它打破了以往投影图像只能是平面规则图形的局限，将普通的平面影像进行特殊的变换，投射到一个球形的屏幕内，形成一个内投的球体影像，利用多通道边缘融合软件，在曲面上实现大尺寸图像的拼接和纠正，剔除投影画面在曲面上的变形，形成特殊曲面乃至球面的全景影像，带来前所未有的梦幻体验。

穹幕投影可以给观众带来 360° 大视角的视觉震撼和身临其境的感觉，方便展示宇宙空间或星空海洋等浩瀚场景，目前主要应用于数字天文馆、大型科技馆、博物馆、大舞台演出等项目。

案例 6-26　阿卜杜勒－阿齐兹国王骆驼节的一场宇宙穿越之旅（2018）

2018 年，阿卜杜勒－阿齐兹国王骆驼节中，一项引人注目的活动是俄罗斯工作室 Sila Sveta 和 Dobro 共同创作的 360°全景穹幕投影，在直径达 19 米的圆顶中给游客带来了一场 10 多分钟的视觉盛宴。

穹幕投影的内容是 Dobro 工作室的作品。创意团队使用虚拟现实技术创建这个项目，使观众沉浸在浩瀚宇宙的无尽广阔中。每位参观者都能跟随日出和日落，去月球旅行，观看流星雨，了解天文学在阿拉伯文明生活中的作用。作品不仅展示了著名的天体图像，还使用抽象图形传达阿拉伯国家的氛围、色彩和情绪特征。

案例 6-27　蒙特利尔圣母院　作者：Moment Factory

　　蒙特利尔圣母院要求 Moment Factory 用声音、光线和视频创造一种永久的体验，邀请游客以全新的方式探索大教堂。Moment Factory 希望创造一个具有普遍性的展览项目，吸引、感动和激励所有观众。此外，该项目突出了大教堂的许多艺术作品和建筑，同时尊重了教堂的宗教遗产和活动。从技术角度看，作为投影载体的教堂内部空间也是一个挑战，因为它拥有复杂的颜色、纹理和比例，从建模到渲染再到投影的各个环节都要精心处理，逐帧完成。设计师还制定了一个完美的体验流程，先鼓励游客以自己的速度探索大教堂的细节，并融入其中，灯光、原始管弦乐谱和宏伟的建筑共同创造了一场多媒体表演；再将观众的视线从地板带到教堂天花板，充分展现色彩斑斓、令人震撼的视觉体验效果。

案例 6-28　重庆四面山光影乐园·天眼剧场天幕投影　作者：光影百年、小棕熊、幻鲨文化、魔法师科技

　　作品依托四面山迷人的山水，以"四面奇缘"为主题，生动演绎"爱情天梯"的感人故事，13 个故事节点沿游客的行进路线依次展现，观众要历时 2 小时才可将 24 处光影展项尽收眼底。Hirender 全媒体总控系统贯穿始终将每处展区都串联起来，带观众感受"动静结合、虚实结合、情景结合"的行走探险式光影交互体验，原始洞穴中沉浸式舞美演绎的天眼剧秀。

　　《天梯》是一部以原创生态岩洞为载体的 270° 的沉浸式舞美剧秀，以"爱情天梯"为故事蓝本，讲述了仙鹿妰清与凡人四郎携手共度风雨的动人爱情传说。编排制作过程中充分利用山洞里的环境，呈现唯美极致的画面，25 分钟的表演时间里，专业的演员与视觉特效完美结合。将景区历史人文与自然界的静谧纯粹相结合，打造全国首家户外沉浸式光影体验乐园，用科技艺术的力量呈现大自然隐匿在层层暮色下的星河月色。

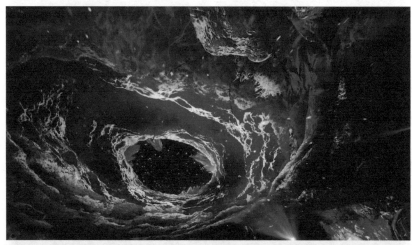

6.2　3D Mapping 的投影介质

　　3D Mapping 的投影介质通常以建筑、墙体、汽车、人体等常见实体形态为投影载体，由于刚性介质的物理性能稳定，使用起来相对便利，因此备受欢迎。当然，随着新的投影技术不断被研发出来，3D Mapping 的艺术表现力得到极大提升，山体、河流、树木、水体、冰面、烟雾、水雾等特殊投影介质不断被发掘应用，同时也带来新的呈现方式和视觉体验。

6.2.1　全息投影

　　全息投影也称虚拟成像，是利用干涉和衍射原理记录并再现物体真实的 3D 图像的技术。全息投影技术不仅可以产生立体的空中幻象，还可以使幻象与表演者互动，一起完成表演，产生令人震撼的演出效果。全息投影是一种显示技术，也需要媒介支持显示，空气被认为是最主要的"全息介质"，全息投影将影像投射到全息介质上，从而在人们眼前呈现出 3D 效果。全息投影是由立体模型场景、造型灯管系统、光学成像系统、音响系统等组成的规模宏大的音画场景，即便是复杂的生产流水线也能够逼真展示出来，适用于展览展示、汽车发布会、舞台节目、商业空间及博物馆等场合。

案例 6-29　初音未来演唱会系列

　　初音未来演唱会系列是以日本虚拟歌手初音未来为名义举办的大型 3D CG 虚拟人物演唱会，以初音未来作为主角，其他 Piapro 角色和虚拟歌手镜音铃、镜音连、巡音流歌、KAITO、MEIKO 演唱部分曲目。第一场以初音未来名义举办的演唱会"ミク FES'09（夏）初音ミク 2nd Anniversary"于 2009 年 8 月 31 日的初音未来虚拟歌手软件发售两周年纪念日举办。自此，每年的初音未来感谢日（3 月 9 日）或初音未来诞生纪念日（8 月 31 日），初音未来的开发公司 Crypton 和其他关联公司都会举办相关演唱会或纪念活动。

案例 6-30 《明日方舟》音律联觉专场演出（2021）

由上海鹰角网络和塞壬唱片联合主办的一场以《明日方舟》音乐内容为主题的大型线下演出活动，于 2021 年在上海世博展览馆一号馆举办。演出的音乐包含《明日方舟》的游戏音乐及角色 EP。现场邀请到了国内一线的乐队、音乐家、歌手和演奏者共同参演。

案例 6-31 BIG-O（2012）作者：ECA2

法国创意制作机构 ECA2 创作的多媒体装置 BIG-O 在 2012 年韩国丽水世博会上首次亮相，"O"代表海洋，也可看成数字 0，代表海洋新的开始。这座高 47 米的巨型装置是世界上最大的水幕，也是该世博会的地标建筑；拥有 3000 个喷嘴的水幕，在夜间转变为身临其境的多感官表演舞台。使用两组三层科视投影仪，在 100 米外向"O"内圈的水幕上投射海洋对话短片。光与水的壮丽互动融合了 30 个 Martin MAC 2000 Profile 和 48 个 MAC 2000 Beam XB 灯具。ECA2 借助 BIG-O 突破了创新的极限，创造了有史以来在多媒体表演中尝试过的最大的海水幕（层叠屏幕），然后以一种新的独特方式融合了各种表演元素，如灯光、火焰、激光和全息视频投影，营造出令人震撼的视听场景。

6.2.2 纱幕投影

纱幕投影是一种借助于投影、射灯等投射在纱网上成像的展示形式，这是一种具有良好成像视效反应的物理介质，可以是不易被肉眼所见的细致纱布，也可以是极为纤细的铁丝网、钢丝网等。纱幕介质轻盈薄透，可利用它的透光性二次成像来表现梦幻的虚拟场景，影像悬浮于空中，产生魔幻般的视觉效果，浮现出绚丽的画面。在大型展示中，通过多通道投影融合可展示大尺寸画面，营造壮观景象，带来震撼的视觉冲击力。

案例 6-32　云幕流光（2018）　作者：数虎图像

云幕流光是 DT Park 的项目之一。DT Park 新媒体艺术乐园是数虎图像研发设计，以其自有 IP 儿童剧为故事主题，结合科技与艺术打造的一个互动体验创新业态。目前乐园有驻地乐园、全球巡展、乐园定制等多种模式。现代科技与新媒体形式融合，主题化、交互式的呈现方式，光影、声音、画面与观众互动，触发观者的感知与想象。云幕流光将通透、如流苏般摇曳的雨丝幕和多媒体投影技术相结合，观众伸手拨开幕帘走进其中，感受着四周云幕流转变幻：怪异的蘑菇与绿树拔地而起，云朵从上空飘过幻化成雨，一道流星闪过变身爱心流光溢彩。在这里可以看见大自然的千变万化。

案例 6-33　"瑰丽犹在境"洛神霓梦（2019）　作者：GLA 格兰莫颐

　　"瑰丽犹在境"洛神霓梦提供了沉浸式的体验，在视觉呈现上打破了用空间中的平面墙体投影来体现沉浸感的展示手法。除在墙面进行投影外，还加入了纱帘、表演者等物质元素，在空间氛围的感官塑造上得以进一步加强。从原作中提炼并再创作的数字映像投影到纱帘这一物理介质中，纱帘轻盈灵动的物理特质结合数字映像营造出一种缥缈灵动感。特定的舞蹈演绎与整体空间的结合，使得《洛神赋图》的意境浓缩于作品展现的这一空间中，观众进入空间观看的沉浸感与代入感将得到升华。

案例 6-34　3Destruct（2011）　作者：AntiVJ

　　3Destruct 是由英国创意团队 AntiVJ 创作的大型沉浸式视听装置，2011 年 10 月在 Lieu Unique 展出，作为 Scopitone 音乐会的一部分。作品由许多半透明膜组成，当体验者走近时，它会发出光和声音，体验者将会在这个破坏任何空间连贯性的非线性宇宙空间中失去自己的坐标。

6.2.3　雾幕投影

雾幕成像也称空气成像、空中立体成像、雾屏成像等。雾幕成像不需要任何投影幕，只需使用超声集成雾化器产生大量微粒雾，结合空气流动学原理形成一层很薄的水雾墙来代替传统的投影幕，再用投影设备把影像内容投射在水雾墙上，便可以在水雾墙上形成虚幻立体的影像，而且在这种空幻影像中可以随意穿梭，造成真人可进入视频画面的虚幻效果。微粒雾是一种新型的展示介质，具有广阔的市场前景。

案例 6-35　在空气中造一片海洋（2014）　作者：Alma Loco

2014 年，韩国创意团队 Alma Loco 在韩国国立果川科学馆展示了一个利用水蒸气制作的互动式"隐形"屏幕，同时制作儿童可以欣赏的视频内容，通过控制看不见的水蒸气将图像投射到空中。在水蒸气屏上形成海洋和宇宙的形状，儿童好奇地喜欢直接接触水蒸气。此外，Kinect 传感器可识别儿童的行为，将视频图像设计为根据动作移动，使其感觉像在进行交流。

6.2.4 水幕投影

水幕投影以水雾为投影媒介形成可成像的幕布，主要形式有水上投影幕、扇形水幕、喷泉等，通过激光投影，3D投影、灯光、音乐等元素的配合，虚实结合，打造新颖的多媒体音乐视听表演。通过营造全息3D虚拟视觉、增强的视觉感受，结合不同视觉镜头的穿梭，利用场景的切换进行色彩演变，结合喷泉灯光的律动与音乐的节奏，为观众带来时尚梦幻、震撼的视听享受。

案例 6-36　Born from the Water，a Loving and Beautiful World（2019）　作者：teamLab

这是数字创意团队 teamLab 为松下在拉斯维加斯举办的日本 Kabuki Festival 上的水幕秀设计的互动作品。观众在手机上挑选出喜欢的文字，投向水幕，水幕中会显示出这个文字所承载的视觉图案。文字衍生的图案在作品中相互影响，有风吹过时，花和雪受到风的物理影响飞散开来，鸟儿在树木上驻足，蝴蝶爱好花朵。

案例 6-37　近月点 Periscopista（2017）　作者：Thijs Biersteker

　　近月点 Periscopista 互动装置是荷兰设计师赛及·博斯泰克（Thijs Biersteker）的作品，寓意是"向人类本能的好奇心致敬"，让观众自己掌控现场的情绪，鼓励他们合作创造出绚丽的视觉效果。在湖面上有一片巨大的水幕，参与的观众可以通过声音和动作控制它。近月点 Periscopista 充分激发观众的参与性，将观众变成创造者。观众可以对着每一个潜望镜的耳朵呼喊、挥舞或跳跃。参与观众越多，喊声越大，模糊水幕中的奇异动画就越明亮迷人。

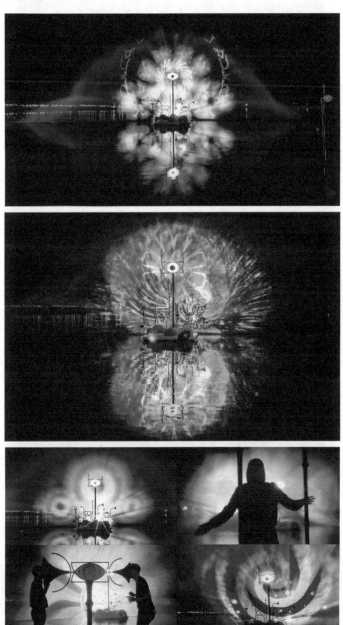

案例 6-38　Constellations　作者：Joanie Lemercier

　　Joanie Lemercier 设计的户外视听装置 Constellations，将 3D 灯光投射到水中，使它具有波纹的全息效果，结合电子音乐在空气中形成不同的形状和结构。

　　绚烂的 3D 科技视觉效果会带领观众从黑洞中心移动到深空，穿过行星和恒星，观众仿佛进行了一场寻找宇宙的旅程。艺术家希望通过该作品向未知无垠的宇宙表达崇高的敬意。

6.2.5　烟幕投影

烟幕投影是以烟雾作为投影媒介，能承载投射光学影像信息的投影装置系统。由于烟雾是一种非固态介质，容易受周围环境影响，浓淡不均，难以控制，因此所显示的形象呈若隐若现状态，表达强烈的虚无感。烟幕投影的特点如下。

- 烟雾的反光率低，而投影屏幕大多是反光率高的玻璃珠幕布或其他有高反光率的幕布，方可把投影光线损失的最小而显现影像。
- 烟雾的密度小，投影光线大多穿透过去而无法反射。
- 烟雾层厚，形成阻挡并吸收直射光线和漫射光线，影像不能很好地呈现在介质上。
- 投影的光线弱。对反射率低的投影媒介，如烟雾、水幕等，要求它的投影光线非常强，如光线强烈的激光作为投射光束，影像就会有明显效果。

除了注意上述四点情况，一个光影作品最重要的还是内容的创意与制作的精度。

案例 6-39　*别让未来窒息（2015）*　作者：王申帅

别让未来窒息是由上海扬罗必凯创意总监王申帅创作并发起的公益艺术投影活动。通过大型投影仪将孩子因呼吸困难而哭泣、咳嗽的画面及活动主题等投射到从烟囱里腾起的浓雾上，从而引起人类对空气污染的高度重视。

案例 6-40　Light Barrier（2014）　作者：Kimchi and Chips

　　2014 年，Kimchi and Chips 发布了一个投影映射雾和光雕塑结合的新装置 Light Barrier。基于对数字光的研究，他们探索了一种新的视觉机制，新装置增加了空间和光的视觉语言，在空中创造了光的幻影，用它们的工作光障穿过数百万束校准过的光束，灯光装置还创造了漂浮的图形物体，这些物体通过空间进行动画处理，成为真正的形体投影。一系列精心布置的镜子和烟雾发射器不是单一的雾幕，而使 3D 几何形状和幽灵般的灯光雕塑变得栩栩如生。虽然这些形状只存在短短的几秒时间，但它们有助于将观众带入一个神奇的世界，在那里光线以活生生的几何形式出现。

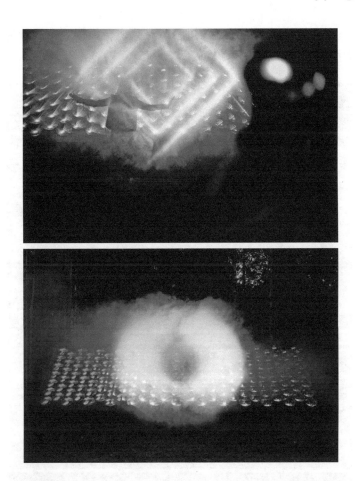

6.2.6　水体投影

　　水体投影是以水体为投影媒介的投影方式。水体投影使用高流明度投影仪，将画面投影在瀑布、湖面等水体上，确保投影效果足够清晰。部分水体投影作品融合了实时交互，影像通过计算机程序实时地描绘，投影画面受到观众行为举止的影响持续变化，具有很强的实验性和创新性。由于水的物理特性，水体投影需要考虑两点。一是反光，由于水面本身会反光，需要把水池底部处理成深灰哑光的颜色，以免颜色太浅使光反射到水面上，导致整个画面反白；而水太深则不易于在水面上成像，有时宁可选择较为浑浊的液体进行投影，因此在整个视觉呈现上要注意色彩的饱和度，尽量减少白的画面。二是折射，光投射在水面上，会发生折射现象而影响画面效果，要解决折射问题就需控制投影仪的角度，尤其在安装投影仪时，特别要注意准确性，因为微小的差距都会影响画面的呈现。

　　■ 案例 6-41　Flowers and People on the Water - Spring of Herbal Flowers（2016）　作者：
　　　　　　　　　teamLab

　　数字创意团队 teamLab 利用水体表面投影出的花朵和进入水面的观众产生互动。花朵会随着时间逐渐移动和变化，从新生、生长、结出花蕾、开花，到不久后的凋谢、枯萎、死亡，一直重复着新生和死亡的过程。花朵也会根据观众的行为（激烈移动甚至缓慢停驻）而改变（凋谢枯萎或诞生成长齐开花）。

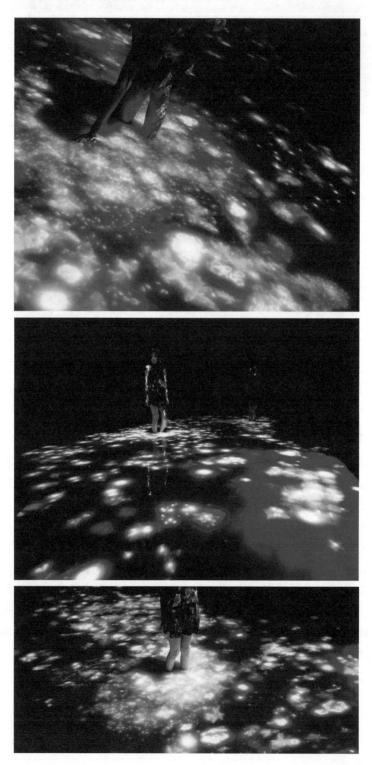

案例 6-42 Flowers Bloom under the Waterfall in the Gorge-Ōboke Koboke（2016）
作者：teamLab

　　teamLab 尝试将瀑布投影在陡峭的山崖上，鲜花投影在小步危峡谷下的河流上。汹涌奔流的河水撞击着峡谷，群花永恒地绽放散落在水面上。萌芽生长，含苞待放，花开凋零，枯萎死亡，不停地重复着花的轮回。瀑布投影的降落轨迹是根据山崖的实际情况计算得出的。首先使用计算机计算水粒子的运动轨迹和相互作用，然后根据物理定律模拟水流，最后根据水粒子的分布确定线条，用线条在峡谷险峻的山崖上刻画出瀑布。

案例 6-43 Drawing on the Water Surface Created by the Dance of Koi and Boats –
Mifuneyama Rakuen Pond（2016） 作者：teamLab

　　作品会随着漂浮在池面的小船前进而不断变化。每条投影出来的鱼都会受到附近鱼群的影响，并随机游动。当小船静静地漂浮在水面时，鱼群就会聚集到小船的周围；而当小船开始航行时，鱼群就会避开小船。鱼受到小船行进及其他鱼行动的影响，而鱼群行动的轨迹描绘出这个作品。

6.2.7　冰雪投影

　　雪是水或冰在空中凝结的自然现象，或指落下的雪花；冰是水在固态的一种形式；冰雪的光学性能包括吸收、反射、散射等。冰的特点是透光，雪的特点是反光。冰本身就具有水晶般的特质，晶莹剔透、梦幻神秘的物质形态又赋予它独特的艺术魅力和神秘感。它无色、透明，具有折射光线的作用，但是，冰又并非完全透明，普遍都是雾蒙蒙的。雪块由成百上千个随机取向的微小冰晶构成，冰晶之间存在大量界面，进入的光线被界面不停地无差别散射最终返回人的眼睛，所以呈现洁白的颜色。冰雪是大自然中天然的 Mapping 幕布。

　　因此，冰雪投影既要考虑造型上的美感，又要考虑材质本身的特性，无论是冰的玲珑剔透还是雪的洁白无瑕，都能给人以圣洁、安详的内心洗礼。冰雪本身虽然不具备发光性，但在自然光或人造光的照射下所呈现出的折射和反射效果，能给人带来跳动喜悦或安静平和的梦幻绚烂的色彩视觉效果。但是，从严格意义上来讲，冰和雪不是理想的投影媒介，其难度在于大范围冰雪投影，冰面成像反射严重，雪会产生泛白现象。因此，必须对投影的内容做出适当调整，增加对比度和色彩饱和度，视频内容设计需要与整体效果协调，还要考虑低温对投影设备的影响，这样才能完成一个沉浸式的视觉盛宴。

案例 6-44　《和平精英》冰面 Mapping 秀（2020）　*作者：幻鲨文化*

　　幻鲨文化与腾讯公司于 2020 年 12 月在哈尔滨松花江上举办了游戏《和平精英》的宣传活动——冰面 Mapping 秀。在零下 30℃的极寒环境下，高达 18 米设备支架的抗风性、高度扭曲的投射难点、冰面反射与周围环境光对画面成像的影响、投影设备在极寒温度下的正常使用等诸多因素，为创意团队的制作、施工、拍摄带来了前所未有的难度与挑战。创意团队经过反复踏勘与多次头脑风暴，从创意到实施，一步步攻克气候难点、落地难点、技术难点等限制性因素，同时巧妙地将虚拟游戏、虚拟道具、实体道具、真人演员与静态冰面结合起来，将极具科技感的混合现实数字化技术与艺术相结合，带领观众进入游戏场景，以如梦如幻、海市蜃楼、惟妙惟肖的方式呈现出一部画质精美、制作精良、极具互动性、身临其境的和平精英枪战主题的 Mapping 视觉互动体验大片。

案例 6-45　札幌雪祭

　　札幌雪祭是日本北海道札幌市的传统节日，与哈尔滨冰雪节、加拿大魁北克冬季狂欢节、挪威奥斯陆滑雪节并称世界四大冰雪节。札幌雪祭每年推出不同主题的大型雪雕，晚上利用投影灯光结合音乐和故事情节演绎，雪雕不仅色彩缤纷、绚丽多彩，还因光影产生无限动感和立体感，让人感受一种不同的视觉体验。

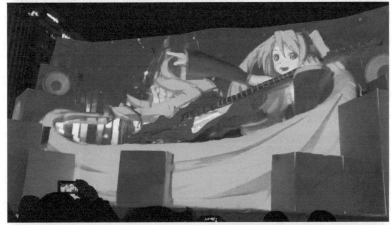

6.3 动态交互投影

互动投影是结合增强现实与人机交互的投影技术，集合了人体肢体动作捕捉技术和虚拟现实系统技术的优势。互动投影技术提供了一种全新的交互体验，即参与者置身于系统设定的虚拟场景中与虚拟环境交流，操作者在虚拟环境中的交互操作可以达到如同接触到真实物体一样的效果，从而增强观众的实际感受和实际参与性。

互动投影的大量使用，不仅是虚拟现实技术的发展，也是投影技术的进步。根据呈现载体、应用方式的不同，它可分为桌面互动投影、地面互动投影、墙面互动投影、导电油墨互动投影、轨道镜互动投影等多种类型。互动投影正慢慢融入人们的生活，互动投影系统的不断创新、完善，也让人们有了更加丰富的互动体验。

6.3.1 桌面互动投影

桌面互动投影常用于产品展示，投影仪将制作好的 3D 影像画面投射在指定的桌面上，人们可以用手指、手掌、手臂触摸调控投影画面来进行互动交流，它有着灵活性和互动性的特征，当用户轻松地与展项玩在一起时，会收获意想不到的效果，这也在很大程度上激发了大众的好奇心，从而吸引大众，增加流量。

案例 6-46 未来实践计划 T-3（2017）

未来实践计划 T-3 是 Sony 开发的应用演示程序，在桌子的表面上创建一个交互式空间，观众通过摆放圆柱来控制投影内容。

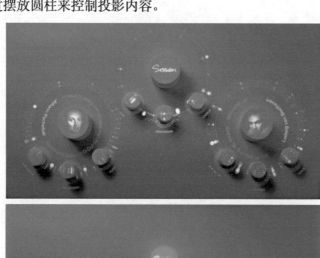

6.3.2　地面互动投影

　　地面互动投影是指先通过捕捉设备捕捉拍摄目标动作，再由多媒体计算机进行数据分析，最终产生被捕捉物体动作表现相应的影像反馈，并将该影像反馈结合实时的投影画面展示出来，形成观众与屏幕之间紧密相连的互动效果。地面互动投影系统是由信号采集系统、数据分析处理、投影成像设备、其他辅助设备组成的，优势是互动效果丰富、扩展功能强大、多人参与互动、特效类型丰富、整体操作灵活、易于安装部署。地面互动投影也是新时代最具创造力的多媒体展示技术之一。

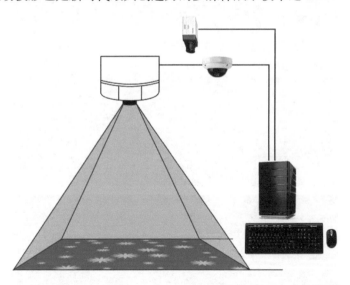

　　案例 6-47　曼谷魔毯（Magic Carpets Bangkok）　作者：Miguel Chevalier

　　2018 年年底，艺术家 Miguel Chevalier 为曼谷 Iconsiam River 公园创作了一块巨大的光影地毯（60m×14m）。灵感来源于泰国文化遗产中的泰国织物图案，艺术家融合了数字艺术、艺术资源和图形创意等多项技术，60 个不同的图形场景以随机方式依次出现，由受当地图案和颜色启发的图案及数字符号组成。上千个图案旋转变化，形成一道道涟漪。图案栩栩如生，混合在一起产生新的令人惊讶的构图语言。人们被邀请在这些万花筒一样的互动地毯上探索和行走，而这个流动的地毯会对人们的动作做出回应。

6.3.3　墙面互动投影

体感互动作为非接触式互动形式，可以降低参与者的互动学习成本，使其能轻易介入互动体验，还通过整体的艺术视觉把控，使整个空间无论是互动状态还是非互动状态，都能呈现出较好的艺术视觉效果。体感互动墙面投影采用先进的计算机视觉技术和投影显示、影像捕捉技术，营造一种奇幻动感的交互体验。通过视觉识别系统识别墙壁前的观众的行为动作，观众用特定的动作可以与画面中的内容进行交互，它的表现手法灵活、画面新颖时尚、声音与动画相结合，能有效吸引观众的视线，提高现场人气度，吸引行人驻足观赏。投影屏幕根据现场条件可以选择圆形或方形，将参与者的肢体影像捕捉成互动信号，配合多媒体游戏内容增强参与者的互动体验感。

案例 6-48　PLAY ME（2014） *作者：Danny Rose*

Danny Rose 是一个有多学科背景的艺术和设计团队，创作和实现了大型数字艺术作品，包括沉浸式体验、互动装置、建筑艺术映射，该团队的艺术方法以联觉沉浸式体验为中心。它开发了一个感官叙事的概念，基于尖端的视频投影技术和声音空间化，增强空间并将公众作为体验的核心。

PLAY ME 是 Danny Rose 在 Vivid Sydney 2014 音乐节上展示的 3D 互动投影作品。借助 Kinect 动作捕捉软件，实现做动作和辨识影像，让每个人都可以享受音乐创作。用超分辨率投影仪将内容投射到楼体上，邀请观众与这座建筑互动，借助实时捕捉技术和手势识别系统，让 3D 投影将建筑立面转换为一系列巨大的"音乐雕塑"，观众可以实时演奏，如弹钢琴、弹吉他、指挥合唱、拉手风琴、打鼓。利用乐器配声光电元素来表现舞蹈之美，让传统建筑与现代投影一起舞动。

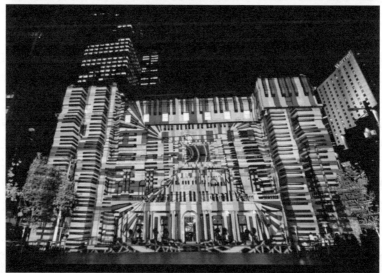

6.3.4　导电油墨互动投影

导电油墨互动投影又称导电油墨墙、电子水墨墙、霍格沃茨墙，利用动作捕捉系统（传感器）对目标影像（参与者）进行捕捉拍摄，从而产生被捕捉物体的动作，该动作数据结合实时影像互动系统，使参与者与屏幕之间产生紧密结合的互动效果。同时，互动投影新技术将有趣的动画和数据源结合，组成一面有故事的展墙。将裸露的导电油墨打印到板子上，利用互动投影技术和导电油墨技术，将复杂的投影映射层的交互转换成物理空间上的运动，从而实现油墨投影互动系统。

这种新型数字墙壁技术，能够展示引人注目、丰富多彩的动态创意展示效果，集趣味游戏、益智、科普为一体，支持多人同时触摸，观众用手指触摸特定区域，即可得到预定的动态效果回馈，让原本静止的画面立即"活"过来。同时，它还可以控制开关灯，控制媒体播放器，创造出一种全新的互动式墙体体验。

💮 **案例 6-49**　Synergy Future Home（2018）　作者：Meerkats

2018 年，西澳设计团队 Meerkats 为能源零售商 Synergy 设计的大型互动装置 Future Home，位于珀斯最大的家居装修零售中心 Home Base。这是一种步行装置，使用了触敏导电墨水、iPad 和亚马逊的 Alexa。Synergy Future Home 提供完全互动的沉浸式体验，观众只需触摸墙或发出命令，即可触发投影的动画和声音，以补充有趣的信息图表。该装置以一种可访问的方式提供复杂的能源技术信息，既能激发灵感，又令人愉悦。

导电墨水有助于消除人们与单个显示器交互的障碍。当观众选择一个故事时，4 台投影仪中的 1 台会抛出一个动画序列，使故事栩栩如生。选择这些投影仪是因为它们能够在极近的范围内投射图像，使观众能够在靠近墙的情况下交互，而不会投射任何阴影或阻挡动画。投影仪也映射了声音，使用内置的音响系统将体验变为现实。

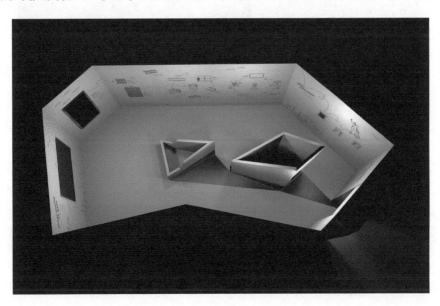

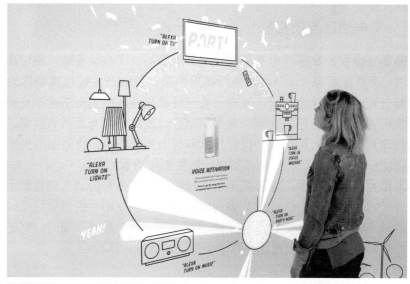

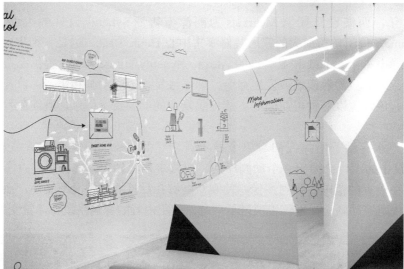

案例 6-50　The Future of Retail（2015）　作者：Dalziel 和 Pow

　　2015 年 3 月，英国零售设计机构 Dalziel 和 Pow 为每年在伦敦举行的零售设计博览会创建了一个创新的互动展览。Dalziel 和 Pow 的团队基于"零售的未来"构建了一个沉浸式空间，它也是一个非凡的交互装置，不仅内容丰富，还以各种可以想象的方式交互。Dalziel 和 Pow 先以木材作为基材，在丝网印刷导电油墨的基础层上涂一层（非导电）白色油墨，以实现这些投影动画。同时，保证其足够薄，让观众通过触摸来完成电路。再将导电墨水连接到一个名为 Ototo 的电容式触摸板上，该触摸板专门用于将触摸转换为声音。观众触摸展位墙壁上的众多插图中的任何一个，便形成一个通电回路并触发各种动画和小插曲，如一个发光的灯泡、闪电、一个玩具钟琴，当触摸它时它会演奏音乐。

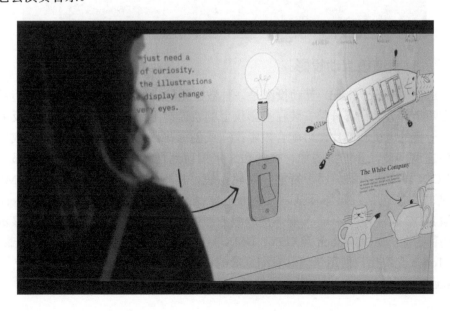

6.3.5 轨道镜互动投影

轨道镜（Mirror Head）互动投影是一种数字化的成像镜技术。整套轨道镜系统主要分为两个部分。一部分是安装在投影仪上的轨道镜主体，包含在镜头前的反射镜及控制反射镜的电机和芯片，可配合投影仪完成创意式移动成像。系统支持对成像画面移动的速度调节，并能将图像、视频和文字投射到任意物体表面上。另一部分是一套 MDC-X 媒体服务器，用于智能控制轨道镜，实现视频播放和其他输出。MDC 软件提供的功能包括：媒体播放、几何校正、无缝转换、预设和 DMX/Art-NetTM 控制。除 MDC 软件外，MDC-X 媒体播放服务器还提供内置功能，如时间表、显示自动化、远程控制、MDC-Touch 及 OSX、DMX/Art-NetTM 和其他标准信号的接口兼容性。MDC-Touch 允许用户使用任何具有浏览器的设备（如智能手机、平板电脑或台式计算机）来远程控制 MDC-X 媒体服务器的播放引擎及投影仪的开关。

案例 6-51　Gallery Invasion（2016）　作者：Skullmapping

　　Gallery Invasion 由 Skullmapping 为比利时鲁汶的画廊定制。Skullmapping 将画家安东尼笔下的猴子作为动画主角，利用轨道镜，使动画主角在画廊中移动，形成生动有趣的情景画面。

案例 6-52 城市野生动物园（2018） 作者：Skullmapping

　　由 Skullmapping 创作的作品"城市野生动物园"于 2018 年 2 月在根特举行的灯光节上展出。超过 80 万名游客来到这个节日现场，并在整个城市发现了 37 个灯光装置。生物学家警告说，我们正处于第六次大灭绝的边缘，由于人口过剩和过度消费，所有物种中的 75% 可能会在短短几个世纪内灭绝。艺术家希望通过将灭绝的动物动画投射到根特的建筑物上，使这个抽象的主题变得有趣。

第 **7** 章

3D Mapping 艺术应用领域

7.1 3D Mapping 艺术在商业领域的应用

7.1.1 文旅夜游

　　光影秀是介于实景与电影之间的一种新光影艺术，融合声光电、虚拟现实、3D 动画、实拍、环境特效、表演等多种技术手段，辅以独特 IP 故事线，直观地表达当地文化内涵与风土人情，实现内容与载体的完美融合，产生强烈视觉冲击力，为观众提供多维度的沉浸式互动体验。同时，将光影技术与实景结合到一起，弱化演员功能，降低人力成本和运营成本，内容迭代快，具有很强的复制性与可操作性，成为夜间文旅创新的重要实现路径，有利于聚集旅游目的地的人气，提高地区旅游品牌价值。

　　❀ **案例 7-1** Lumina Night Walks-Kamuy Lumina　*作者：* Moment Factory

　　这次 Lumina 夜行散步与北海道阿伊努人的讲故事传统相得益彰，可以让游客以古老的视角、全新的方式体验日本的阿寒国立公园。本次多媒体之旅以阿伊努（Ainu）传说中的森林幽灵 Kamuy 为名，整个多媒体旅程将游客沉浸在一个发光的森林世界中，对夜晚充满敬意。Moment Factory 从阿伊努人的尤卡歌曲传统中汲取灵感，观众用木棍敲打出声音来保持节奏，由此踏上了神话般的音乐和互动的旅程。

案例 7-2　Lumina Night Walks-Rainforest Lumina（2018）　作者：Moment Factory

  Lumina Night Walks 将自然之美、当地文化和多媒体魔术融为一体，打造身临其境的故事世界，给语言环境带来全新的体验。Rainforest Lumina 坐落在新加坡动物园内，其使命是使人们与大自然更接近，沉浸在明亮的生活环境中。尽管这些动物已撤退到其栖息地中，但在 Creature Crew 的照顾下，大自然仍在蓬勃发展。Creature Crew 是一群古怪的虚拟角色，其任务是照顾雨林。其中的每个成员都有特殊的技能，观众被邀请参加他们的互动之旅。观众会发现令人兴奋的互动和沉浸式区域，不仅可以在其中演奏、唱歌和创作，还可以将踪迹留在成名墙上。

案例 7-3 Night Castle Owari Edo Fantasia（2018） 作者：Naked

　　为了纪念名古屋城本丸御殿的完成，2018 年 12 月 1—16 日，举办了名古屋城内的夜游活动"Night Castle Owari Edo Fantasia"，由 Naked 一手策划、制作和实施。Naked 延续了城堡系列的传统，将当地历史和传统建筑物的美淋漓尽致地与光影演绎结合起来。名古屋有着"艺术宝地"之称，本次夜游演绎正是让游客通过沉浸方式体验艺术的独到乐趣，给名古屋城的夜晚创造出"城"之新价值。本次夜游活动覆盖了整个名古屋城区域，以 400 年前奠定了名古屋艺术宝地基础的第 7 代藩主德川宗春时代为背景，将富于独立精神与文化的尾张（名古屋）"绚烂豪华的宗春时代"，用光影音乐展现出来，将其投影到名古屋城本丸御殿东侧外墙。3D 光雕投影秀、灯光艺术、原创音乐，将军装扮的演员在城内随处游走，让游客沉浸在江户时代的尾张世界里。

7.1.2　商业营销

  3D Mapping 在商业营销领域的应用凭借其超乎想象的视觉张力和震撼效果吸引越来越多的品牌商，逐渐成为当下最具震撼力的品牌广告营销手段，设计师往往要让品牌藏身于让人身临其境的沉浸式视觉艺术盛宴中，营造强烈的视觉冲击力来吸引人们的关注，在品牌的表达中加深其印象。

  案例 7-4　宝马 X5 投影秀　作者：Sila Sveta

  2013 年 11 月，在宝马 X5 F15 莫斯科新品发布会上，俄罗斯创意团队赛拉·斯维塔（Sila Sveta）将真车和动态视觉完美结合在舞台上，精彩表演让观众获得令人震撼的视觉体验。他们仅用了 12 个小时便将一个面积 900 平方米、带有两道背投墙的巨大平台搭建完成，使用 18 台强大的投影仪来照亮地板和墙壁，演出过程中，用 4 辆汽车表演了 1 个真正的舞蹈动作，并通过 Sila Sveta 制作的投影进行了增强。同时，还把汽车放在不同的环境中，从城市到山路，展示其先进的技术特征。

案例 7-5　百年帽业盛锡福大楼 3D Mapping 光影换装秀　作者：浩腾和润

　　2018 年，由浩腾和润（北京）科技有限公司打造的盛锡福大楼 3D Mapping 光影换装秀，拉开了"钜惠狂欢，畅想和平"狂欢购物盛典的帷幕，助力天津和平区献礼改革开放 40 周年纪念活动。

7.1.3　企业展厅

　　企业展厅是企业对外的品牌展示主要窗口，其意义在于展示企业在行业中具有的辨识性和独特性，体现自身品牌的优势和特色，使企业在市场竞争中具有竞争力，让消费大众认知企业品牌并留下深刻印象，提升受众对企业产品的信赖度与认可度，从而大大拓宽企业产品的市场。

　　随着展览展示行业的不断发展，以数字化展示技术为核心的数字展厅设计成为企业追逐的热点，也是未来企业对外展示品牌形象的重要方式。数字展厅对企业来说是一种独特的、新颖的宣传方式和手段。数字展厅集成大量前沿科技成果，包括影视动画、计算机图形、3D 全息投影、多通道投影、虚拟现实、增强现实、混合现实、人机交互等技术，共同搭建沉浸式的体验空间；能够给参观者提供互动式的沉浸体验，使其深刻感受企业文化理念，提升对企业的好感度与认可度。

　　■ **案例 7-6**　*啤酒的本质（2022）*　作者：Stiegl 啤酒

　　啤酒品牌 Stiegl 在做品牌推广的过程中，采用沉浸式影片"啤酒的本质"完美演绎了啤酒的世界，给观众留下了深刻的印象，对品牌形象的树立和企业宣传起到了良好的作用。这部影片以全新的互动投影方式介绍 Stiegl 啤酒有关琥珀花蜜的一切。当观众进入沉浸式影厅时，板凳全部投影成啤酒盖，观众缓缓滚动啤酒盖，墙壁中央出现创始人 Kiener 博士的问候和讲解，随后影厅四周的墙壁和地面均被投影画面铺满，影片开始正式播放，内容涵盖从啤酒原料的生长到啤酒的发酵，再到啤酒工厂的流水线灌装的所有过程。

案例 7-7　粤芯展厅（2018）　作者：陈小清　冯乔　谢昭一　程学章　崔鋈

　　粤芯展厅以"从芯出发，一芯一世界，一芯一宇宙"为主题，融合 3D Mapping 艺术、数控机械与多维视觉媒介等多种表现手段，从视觉、听觉、触觉上带给观众沉浸式体验，打造芯片应用体验场景，呈现一个具有未来感、科技感的智慧粤芯展厅，同时传递粤芯芯片智造、粤芯人技术创新的现代企业精神理念。

7.2　3D Mapping 艺术在艺术领域的应用

7.2.1　公共艺术

在投影技术的支持下，城市中的公共艺术有了更为多样化的发展，定制的动画投射到楼体、雕塑、水体、地面、穹顶等多样化的载体上，具有高度的灵活性和流动性。动画特效与载体介质完美贴合，在载体表面呈现裸眼 3D 动画。3D Mapping 作为一种文化传播方式，其应用能够在城市公共艺术空间产生特殊的文化艺术意义。首先，在文化活动层面，影像内容能够满足作为城市的特殊时间或事件的输出，传递城市相关的各种情感与记忆，具有典型的城市文化特征。其次，在空间场所层面，3D Mapping 对现实空间进行了主题化包装，赋予其内涵丰富、表征鲜明的符号，使普通的建筑、街道、广场、雕塑、水体等物理环境具新的可意象性，有利于强化城市的艺术特征。最后，在体验者层面，3D Mapping 绚丽多彩的视觉效果和交互性设计能够吸引人们驻足停留并主动参与，同时满足人们视觉愉悦和交流的体验，加深人们对城市形象的美誉度与认同感。

案例 7-8　Fluid Structures 360　*作者：Vincent Houzé*

由 Vincent Houzé 创作的 Fluid Structures 360 于 2018 年首次亮相在巴黎 La Gaîté Lyrique 艺术展上。它是流体结构 Fluid Structure 的延伸。相比 Fluid Structure，它拥有 360°立体环绕效果，交互更流畅，灯光投影取代了 LED 屏幕，不仅可以容纳更多观众参与体验，且视觉效果更震撼。2019 年 2 月 17 日至 3 月 3 日，在加拿大魁北克 Mois Multi 艺术节展出了 Fluid Structures 360 目前为止最大的版本。作品通过流畅的液体和逼真的渲染，让观众置身于一片不断流动的浩瀚瀑布中，洪流从四面八方涌来，人影可以在画面中显现出来，同时，装置发出的独特声音和黑暗特质增加了观众对作品的整体体验。作品探索了一个短暂和无定形的形状如何在内部环绕外部的各种刺激下交互反应。流体的形状在内外作用力的碰撞下不断弯曲变化，直至其断裂，然后其重新组合成新的聚集体。作品中，虚拟的景观在人类通过后很容易恢复，那么在真实的自然环境中，一旦破坏会造成怎样的后果呢？身临其境的互动效果表现了艺术家对身处自然中人类力量的思考，让人反思人类对河流等自然资源的控制。

案例 7-9　*移动的动画投影*（2014）　作者：Vjsuave

　　Vjsuave 公司由两位新媒体艺术家 Ceci Soloaga 和 Ygor Marotta 共同创建，总部位于巴西圣保罗。Vjsuave 也是一个实时视觉表演项目，因创新、生动及公共性而受到全球的关注。他们将技术与街头艺术相结合，将一帧一帧的动画投射到城市建筑表面，混合历史与现实生活。该动画由手绘图纸发展而来，并根据空间的建筑、照明墙、树木、建筑物和城市的不同表面进行设计。他们将电池、笔记本电脑、音箱及高性能的投影仪安装在三轮车上，创造了这个移动的公共艺术作品。当夜晚来临，他们把创作的卡通形象投射在俄罗斯或巴西街道的墙面并移动车子，于是墙壁、树木、湖泊、行人都成了他们动画作品中的一部分。Vjsuave 的视频投影装置能够被实时控制，并可以随时与观众互动，根据观众的情绪和动作做出反应，就像在与观众玩一场游戏。

🕸 **案例 7-10**　布尔星球（2016）　作者：FutureWife，Max Cooper

2016 年，FutureWife 与 Max Cooper 合作，设计并开发了一种基于交互粒子和流体的系统。Vincent Houzé 将动态模拟和系统作为实践中心，其中简单的规则在他的工作中产生复杂性、丰富性，并且带有逼真的运动效果。布尔星球是一个巨大的球形装置，球体的表面随旋律显示不同的画面。当其浸泡在急促旋律的环境中时，球体表面出现快速游走的波纹，像湍流不息的溪流，急速地挤压冲击着。随着音乐的激情高昂，这些细碎的波纹开始跟着节奏变幻自身的色彩。当观众触摸这个巨大的球体时，球体就会像感应到一般，水流从触摸处分开，离触摸点远远的，并明显表现出受到干扰的状态。它不仅是一个球体，还是一个软壳的球体。软壳的意思就是观众可以"按"。观众按压球体，铺满球体的光影忽然扭曲为一个漩涡，随着按压向更远的地方扩散开。这种感觉，就像挤压星空。

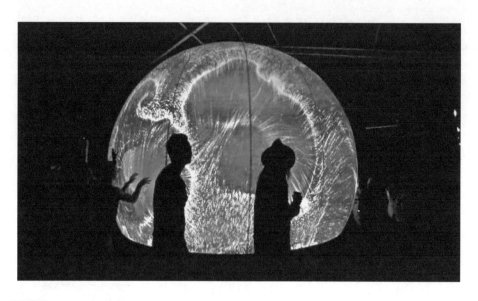

7.2.2 艺术展览

2017 年 5 月，teamLab 打造的"花舞森林与未来游乐园"首次在北京 798 佩斯空间展出，一经亮相便引爆艺术圈，引起广泛关注。teamLab 善于将光线、音频、视频、数字序列和虚拟现实等融入一个科技化的梦幻仙境中，同时提供给观众难忘的沉浸式体验。2019 年 12 月，由格兰莫颐文化艺术集团原创、根植于东方文化的观念式数字意境展"瑰丽·犹在境"（The Worlds of Splendors）在北京嘉德艺术中心开幕。其最大的价值和意义在于汇融古今，用艺术语言和科技交互创造出有空间感、当代化的东方意境。

数字化展览以数字技术为支撑，主要以动画视频和 3D 投影两种形式体现，是以数字媒体终端为载体的新型展览形式，交互体验、沉浸感受成为当下新媒体艺术展览的主要特征。新媒体的运用将使艺术展览可以动态的形式再现艺术，进行更多的视听表达，同时以"虚拟化"的技术手段完成"真实"的传播。

显然，技术赋予新媒体艺术存在的可能，新媒体技术的介入正在改变艺术的整体样貌。二者相互关联，产生了不同的新观念和新感觉，致使当代艺术面貌产生变化。正如 teamLab 运用数字技术扩张美，关注人类感受，探索认知的边界，试图超越人类对世界时间连续性的认知。随着数字技术、虚拟技术、声光电技术等大量运用于作品中，艺术展览的策划与呈现将体现艺术和科学的完美融合。

案例 7-11　无界美术馆（2018）　作者：teamLab

无界美术馆让没有边界的艺术走出房间，与其他的作品交流。作品之间没有界线，时而混合，时而互相影响。这些相互交融的作品，组成一个没有边界、互相连续的世界。teamLab 将身体沉浸在无界的艺术之中，在 10000 平方米的立体空间里，用自己的身体探索世界，并与他人共同创造出新的体验。

案例 7-12　瑰丽·犹在境之千里江山（2019）　作者：格兰莫颐

　　2019 年，"瑰丽·犹在境"沉浸式数字意境展中，作品"千里江山"取材于王希孟《千里江山图》，使用多台投影仪和内置生物感应器，通过互动影像装置的艺术手段呈现画作中令人叹为观止的情景与当时创作者内心的意识和情感。千古留一画，一画永少年。艺术家没有拘泥于原作山河的绘画风格，只是选取了少年气象、山色青绿作为基础元素，再将其转化出宇宙、星尘、巡幽等特效，营造出层次分明的冲击感。当装置空间里无人经过时，画面呈低饱和度；一旦有参与者行走在空间里或者用手去触碰墙面上的山体，画面就将呈现银瀚流光、移步生莲的特效。此次展览利用现有的创新科技解构作品，让观众进入艺术家的创作世界，体会创作瞬间的所思所感所悟，不仅带领观众进入环境，也让其感受当时的意境，更可体悟大师艺术创作的心境。

案例 7-13　被追逐的八咫鸟（2018）　作者：teamLab

　　teamLad 所创造的一系列影像装置作品把二维转三维的影像空间扩展和延伸的艺术特性发挥得淋漓尽致。其中的《被追逐的八咫鸟》叙说了八咫鸟在宇宙中自由地飞翔，相互追逐或许发生碰撞并同时幻化成花朵散去的故事。八咫鸟会实时识别到观众所处空间的位置而闪躲着飞到另一边去，如果触碰到观众同样会幻化成花朵慢慢散开。整个空间是由多台投影仪衔接组成的影像空间，把故事主角塑造得更加立体，扩充了空间视觉的张力，让观众对八咫鸟的认识直观和真实。作品并不是事先录好的动画，也不是无限循环的，而是根据计算机程序实时生成的。作品持续不断地改变，现在的这个瞬间将不会再出现。观众与虚拟的八咫鸟在时空转换与重构的整个过程中交流，这种视觉体验有强烈的空间感，也增加了观众的参与度与交流性。这是新媒体影像装置的空间性和互动性相结合所创造出的多维度感官体验。

7.2.3　舞台戏剧

舞台美术（简称舞美）是戏剧、歌艺、文旅演艺等舞台演出的一个重要组成部分，包括布景、灯光、影像、化妆、服装、效果、道具等。它们的综合设计称为舞台设计。舞台技术的快速发展改变了舞台设计的艺术形态，投影技术、数字技术、智能技术、空间技术等在舞台上的广泛应用，推动了多媒体演艺舞台表演形式和表演方式的创新发展。融合越来越多现代高新技术的舞美制作，是激发舞台艺术感染力、影响力甚至创新舞台叙事方式的爆发点。在有限的舞台空间，虚拟的影像、声音及光效的结合，不仅放大舞台空间感受，将舞台灵性与舞台感性高度结合在一起，还给观众带来全感官视觉体验，提升观众对舞台作品的感知力。当然，数字科技的应用只是为了舞台更好地呈现，一体化、沉浸感更注重观众的体验。毕竟，文化内涵与作品本身要表达的内容才是舞台的根本，也是演出延续生命力、提升自身竞争力的手段。

案例 7-14　Polina Gagarina 演唱会舞美设计　*作者：Sila Sveta*

俄罗斯新媒体团队 Sila Sveta 为 Polina Gagarina 在明斯克、莫斯科和圣彼得堡的巡演设计的多媒体舞美使用了全息纱幕技术。整个舞台被设计为一个多层的装置，每边都包括两层投影网格和全息纱幕，并由一个狭窄的 LED 屏幕分隔开。为了解决边缘过暗导致边界不明显的状况，团队还在纱幕边缘安装了 LED 灯管，使线条更清晰。全息纱幕的运用不仅仅是为了酷炫，根据歌曲表演的意境，团队在它们之间建立了独特的动态互动，以创造符合故事性的视觉体验。他们将不同层次的纱幕投影画布组合在一起，利用投影和灯光产生裸眼 3D 效果。宏大的画面和逼真的音效，使观众投入的感情更为热烈。巨大的纱幕也让舞台编排有了更多的创意和想象空间，就如歌手突然变得巨大出现在纱幕上，楼宇等素材动画也能以真实比例出现在舞台上，而不用搭建真实场景。

案例 7-15　又见五台山（2014）　作者：王潮歌

《又见五台山》是国内首部佛教主题大型情境体验剧，以五台山佛教文化为背景，以佛教典故、仪规为基点，融合音乐、互动体验于一体，运用现代高科技手段营造如梦似幻的情境，着重体现观众的参与、互动，使观众成为演出的真正参与者，随情境亲身体验履行佛教仪规的全过程。

《又见五台山》通过丰富和无穷变幻的场景，以舞台语汇结构一天、一年、一生、一念。演出剧场为一个长 131 米、宽 75 米、高 21.5 米的大空间，长达 730 米的徐徐展开的"经折"置于剧场之前，由高到低排列形成渐开的序列，整个剧场成为正在被打开的巨大经卷。剧场和"经折"采用不同材质的表皮，使之通过反射与透视以不同方向映射周围景象，周围环境变得若有若无。

剧场舞美设计很好地融合了装置艺术。每一页被打开的"经折"空间利用当代装置艺术表现手法及我国传统造园方式，展现了不同的与佛教相关的小空间，构建了内涵丰富的精神场所，让观众在光影变幻中记录时间线的每个瞬间，引发大家的思辨。

7.3　3D Mapping 艺术在公共领域的应用

7.3.1　大型会展

大型会展是一项由主办国政府组织或政府委托有关部门举办的有较大影响和悠久历史的国际性博览活动。例如，世界博览会被誉为世界经济、科技、文化的"奥林匹克"盛会，它鼓励人类发挥创造性和主动参与性，把科学性和情感结合起来，将有助于人类发展的新概念、新观念、新技术展现在世人面前，成为各国人民总结历史经验、交流聪明才智、体现合作精神、展望未来发展的重要舞台；还被规划成拥有异彩纷呈的娱乐表演，富有魅力的建筑艺术等多样性内容聚集，日常生活中无法体验、充满节日气氛的展演空间，广大市民娱乐消费和文化交流的社交场所。每届世界博览会都会应用当时的先进数字媒体技术。

案例 7-16　迪拜 2020 年世界博览会穹顶投影（2020）　*作者：Creative Technology Middle East*

迪拜 2020 年世界博览会开幕式当晚，丰富多彩的投影内容让本次世界博览会的"心脏"Al Wasl Dome 变成一个神奇的沉浸式体验空间。在表演中使用了多种创新的视觉技术，如大型视觉移动景观、透明 LED 屏幕、具有跟踪功能和遥控无人机的投影系统。此外，舞台机器人与艺术家精确同步表演、自主飞行器的"芭蕾舞"表演是此次开幕式的亮点之一，令人印象深刻。Al Wasl Dome 是一个半圆形建筑，并非全封闭而是有镂空部分的，直径达 130 米，高 67 米，有一个大型壳结构。金碧辉煌的外光和独特的设计，创新性地展现伊斯兰社会文明和他们别具一格的建筑风格。白天它是典雅的伊斯兰建筑，晚上通过灯光投影技术成为点亮迪拜的闪耀明珠，为了达到完美的效果，这个穹顶建筑安装了 252 台投影仪，它们将精美图像投射到 Al Wasl Dome 圆顶的表面，同时圆顶还兼作 360° 激光投影表面，规模宏大，气势磅礴，大面积的玻璃保证了馆内馆外的人都能清楚看到，这也是当时世界上最大的全方位投影，为观众提供真实的沉浸式体验。

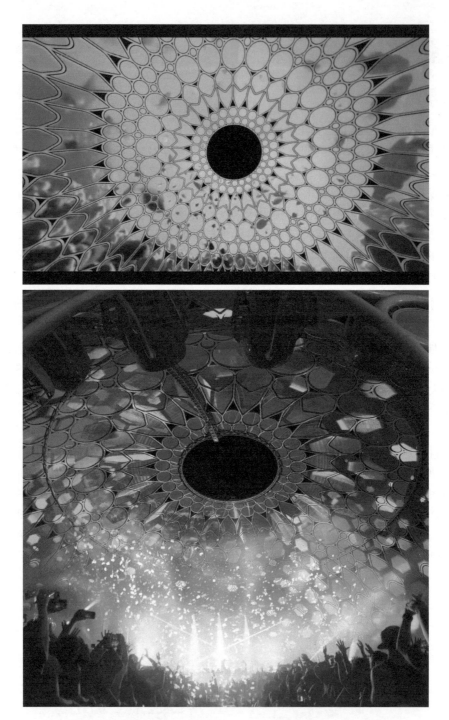

案例 7-17　中国上海 2010 年世界博览会之沙特阿拉伯国家馆（2010）

　　中国上海 2010 年世界博览会的沙特阿拉伯国家馆位于世博园 A 片区，展馆形似一艘高悬于空中的"月亮船"，在地面和屋顶栽种枣椰树，形成一个树影婆娑、沙漠风情浓郁的空中花园。馆内重点展示 4 种类型的城市：能源之城、绿之城、文化古城、新经济之城，揭示水、石油、知识是沙特阿拉伯城市发展的安身立命之本。

　　沙特阿拉伯国家馆内构建了一个充满创意的 WA 空间，建成了世界上最大的 3D 影院，影院屏幕面积达 1600 平方米，相当于两个足球场大小，以全新体验方式让观众感受沙特阿拉伯古老的手工艺等。展馆的墙上和地上还以水幕形式展示中沙两国的文字书法。全方位环绕的巨幕影院采用比 IMAX 和 3D 系统更先进的、能够在不规则弧形屏幕上投射 1600 平方米巨型高清影像的珍宝投影系统，由 25 台 12000 流明超大投影仪共同投射，不规则弧形屏幕上呈现的是 3200 万像素超大图片，给观众带来无与伦比的视觉震撼。

7.3.2 大型会演

从以奥运会开幕式为代表的大型会演来看，技术无疑是四年一度的壮丽盛会不可或缺的重要助力。每届奥运会开幕式都反映着技术进步的最新成果，有着大量的创新设计和高新技术的运用。2008 年北京奥运会采用了历届奥运会中最复杂的技术系统，地面升降舞台、多媒体、地面 LED 系统、指挥系统、通信系统……多种装置都采用了世界尖端高新技术。除通信系统是引进技术外，其他核心技术都是拥有我国自主知识产权的创新技术。2012 年伦敦奥运会也用到了 LED 大屏幕来搭建智能装置，以舞台剧般的展示形式，实现了震撼人心的视觉效果，多媒体互动技术的使用让更多人关注到现代舞美艺术与科技的融合。

激光全息投影技术是指把图像信息通过技术处理，将图像的长波部分转变成相位调制的全息图，利用衍射光学的方法来实现投影。同时，结合交互技术让光影与舞蹈演员之间实现完美配合、步调一致，舞台气氛热烈。投影仪成为 2016 年里约奥运会的主角，100 多台 20000 流明的设备被装置在主会场——马拉卡纳体育场内，投影出来的舞台形状和变换场景的艺术手法，体现了"巴西＋现代＋时尚"，展现了一场美轮美奂的光影魅力，实现了巴西人的表演和狂欢梦想，而全部费用只有伦敦奥运会的十分之一。

投影仪在里约奥运会开幕式的大放异彩，让全世界见识到了投影仪的威力，无论是营造大画面的能力，还是投射组合的灵活性，尤其是成本控制，投影仪都显现出强大的竞争力。

案例 7-18　索契冬奥会开幕式（2014）

2014 年俄罗斯索契冬奥会开幕式完美融合了灯光科技、舞美机械、光影技术等各项创作要素，使用安装在体育场上方的多台投影仪，呈现了一幅幅美轮美奂的动态画面，营造了冬季运动会梦幻绚丽的效果，给观众留下了深刻的印象。灯光投影和现场演员的表演虚实结合，以一种独特方式展现俄罗斯的历史发展进程，以及深厚的文化艺术底蕴。尤其是当圣瓦里西升天教堂的顶部以一种可爱又魔幻的形式出现时，这些莫斯科红场上的标志性建筑美轮美奂，仙境般的浮动世界充满想象，加上欢快的背景音乐、鲜亮的画面颜色，让这幕表演瞬间如童话般生动有趣、奇幻唯美，迅速点燃了观众的热情，把体育场变成欢乐海洋。这场开幕式通过文化艺术与光影科技的完美结合，把俄罗斯的文化艺术独特魅力展现得淋漓尽致。

7.3.3　灯光节

灯光节是在城市公共空间举办的大型公共艺术活动，主要通过融合艺术与科技的灯光装置来展示城市夜景的独特魅力，用灯光秀赋予城市公共空间活动主题，提升城市公共空间的活力和使用效能，让灯光艺术的流光溢彩丰富城市表情，增强人们的获得感和幸福感。从文化层面打造"城市名片"，积极包装与推广城市形象，可以凸显城市个性，强化城市品牌竞争力。近年来，很多国家和城市都争相开办属于自己的国际灯光节，以此来推动地区旅游经济及城市文化品牌建设。法国里昂国际灯光节被公认为是世界上影响最大、举办历史最长、规模最大的灯光节，是沿袭当地一个宗教传统而来的节日，利用每年 12 月 8 日前后的周末举行，为期三天四夜。每年吸引数百万人前往亲身体验"光"带来的视觉震撼。另外，悉尼灯光音乐节、广州国际灯光节、德国柏林灯光艺术节、比利时根特灯光节、日本神户彩灯节、新加坡灯光节等，都各具特色且为世人称道。

🔘 **案例 7-19**　LIGHTNING CLOUD　作者：Jérôme Donna

2019 年法国里昂国际灯光节，作为景点作品的 Célestins 剧院的上空漂浮着一片光粒子，它们似乎在表演一场奇怪的催眠芭蕾，作为每天通过通信网络发送的数字数据的寓言，这些虚拟光的碎片在广场中央聚集在一起形成一朵云。具体来说，用金属丝做成的漂浮物在灯光的映衬下形成一朵云，作为人们记忆的守护者，这个金属星云增强了它的亮度直至饱和，最终爆炸并辐射周围的建筑。闪闪发光的粒子在剧院、植物和广场的正面传播并创造出令人惊叹的绘画，以展示它们的美丽。

案例 7-20　Austral Flora Ballet（2019）　作者：Andrew Thomas Huang，BEMO

　　缤纷悉尼（Vivid Sydney）是澳大利亚悉尼每年一度的国际灯光节，它使整个悉尼沉浸在灯光和投影中。其中的节目还包括由各地音乐家带来的表演、生动灵感交流的对话和顶尖创意人士的讨论。

　　2019 年悉尼国际灯光节，华裔视觉艺术家和电影制作人安德鲁·托马斯·黄（Andrew Thomas Huang）与 BEMO 创作了悉尼歌剧院建筑投影作品 Austral Flora Ballet。安德鲁·托马斯·黄与编舞家 Toogie Barcelo，音乐家、作曲家 Kelsey Lu 及洛杉矶 BEMO 的动画设计团队一起，用新南威尔士州的华特尔（waratah）、袋鼠爪和红胡子兰花等花卉，精心打造了一幅郁郁葱葱的景观。

案例 7-21　大三巴 3D Mapping 秀（2019）　作者：幻鲨文化

　　2019 年，中国澳门在标志建筑大三巴牌坊举办了 3D Mapping Show，应邀参与创作的深圳市光影百年影视团队——深圳幻鲨文化发布了最新作品《小雪花历险记》，助力表达中国澳门对外的繁荣形象，传达中国澳门由小向强的沧海桑田的变迁。

　　大三巴牌坊高约 27 米，宽约 24 米，呈现三角金字塔形状，牌坊顶端十字架耸立，铜鸽下方圣婴、天使、圣母等塑像环绕，结构复杂精美，是中国澳门的标志性建筑物之一，2005 年与中国澳门历史城区的其他文物列入联合国世界文化遗产。光影秀围绕

3D Mapping 光影艺术设计

一片小雪花的冒险之旅展开，小小的雪花飘过美食，越过滑道，舞动裙摆，时而搭乘上风驰电掣的跑车，时而穿梭在瑰丽神秘的教堂……在这个缤纷多彩的奇妙世界里，一路征途，一路惊喜。最终，小雪花化作一场钻石般闪耀的厚雪。作品在建模阶段因势利导，从分镜设计到三维建模均结合墙面结构不断优化布局，呈现出建筑之美与投影之美。

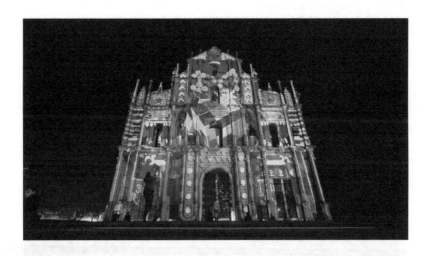

7.3.4　音乐节

音乐节是临时存在的音乐演出，有临时存在、多位艺人轮流演出、观众数量多的特征，提供多感官体验。通常在特定的地方用统一的内容，如摇滚乐、电子音乐、现代音乐的作品，在某个特点主题的号召下，很多乐队集中到一起在数天或数周的时间里举行连续性的演出，这是一种或几种艺术的庆祝聚会形式，很多乐队在音乐节上因表现出众而一举成名。例如，重金属音乐节 Monsters of Rock，重金属乐队纷纷以参加这个音乐节而自豪，如果能够在这个音乐节上拿到头把交椅，这个乐队就是超级明星了。

音乐节通常是露天的，不受场地限制，接纳尽量多的歌迷，形成一种拥有大量粉丝的娱乐生活社区文化。欧美国家成熟的音乐节在舞美设计、舞台搭建、视听感受、运营模式上都积累了丰富经验，并且不断推陈创新。在全息投影、智能交互、激光表演、人工智能、无人机等多种新技术的支持下，让观众体验身临其境的沉浸感觉并参与其中。例如，Transmission Festival（传输电音节）被公认为是世界上最大的室内电音活动之一，以无与伦比的制作和标志性的灯光、激光表演而闻名，给来自全球各地的粉丝带来独一无二的视听盛宴。

🌀 **案例 7-22**　*EDC 音乐节*

Electric Daisy Carnival（EDC）是全球知名的音乐节，也是 Insomniac 活动和制作范围内最大的品牌，每年 5 月在拉斯维加斯赛车场和奥兰多举行。EDC 音乐节始于1997 年洛杉矶的一个仓库派对，由首席执行官兼创始人 Pasquale Rotella 策划。从那时起，它就成为享誉国际的现场音乐盛典，每年吸引近 100 万粉丝。EDC 音乐节是一个独特的节日，突破了想象的界限，为现场娱乐行业树立了标准。融合嘉年华主题和景点、尖端舞台制作、世界级人才及创新艺术和技术，EDC 不仅仅是一个电子音乐节，更提供了一种多感官体验。除音乐外，参加活动的人还可以看到 3D 大型雕塑、多彩的灯光及 LED 照明的动植物。EDC 各处还设有互动艺术装置、自由表演和嘉年华游乐设施。

案例 7-23　The Giant Head　作者：Alex Reardon

Tim Bergling 是一位获得过格莱美奖提名的瑞典 DJ 和音乐制作人，以 Avicii 闻名于世。他的 LE7ELS 巡回演唱会被评为最成功的演唱会样式之一。当 Avicii 的管理层联合 Alex Reardon 开发 LE7ELS 巡回演唱会的概念时，他们向 Tim Bergling 提出了挑战，要求他创造出与众不同的事物。经过几番思考，Alex Reardon 确定了他所谓的"有机体验"——一个巨大的"人头"。这个"人头"高 5.33 米，顶部有 Avicii 的 DJ 台，被涂上 Screen Goo 投影漆，它的正面、背面和侧面均变成投影载体，从而为各个位置的观众提供 3D 投影体验。"人头"能够支撑和容纳 DJ 台及相关设备，可以升起来像缆车一样飞过人群。

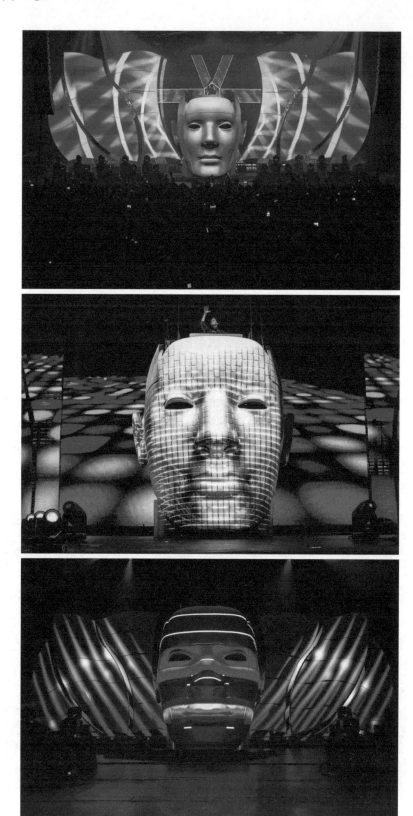

7.4　3D Mapping 艺术在文教医疗领域的应用

7.4.1　医疗教育

全息显示技术又称全息 3D 技术，通过记录和重建光波在 3D 场景中传播时的振幅、波长、相位差等信息来生成 3D 图像，整个过程可分为计算阶段和调制阶段。计算阶段旨在将 3D 场景描述转换成所谓的全息干涉图，即捕获各个方向光线信息的衍射图案；调制阶段则将全息干涉图转换成 3D 图像。

全息显示技术通过计算机计算可进行 3D 全息重建，实现多维度、任意角度、全息影像化和感知交互化的呈现交互形式，通过硬件终端的交互技术拓展人的视觉感知能力，实现虚拟物体的真实再现，能达到触手可及的人机交互效果。中医学中有全息医学的概念，全息医学结合现代及传统医学理论，构成全息医学的框架。全息医学的研究，在药物带来的毒副作用日益受到医学界重视的今天，具有重大的理论意义，而且具有极高的实用价值。

✿ **案例 7-24**　理疗教育中移动身体的投影映射 Augmented Studio 项目　作者：Thuong Hoang，Zaher Joukhader，Martin Reinoso

2017 年初，微软社会自然用户界面研究中心联合澳大利亚墨尔本大学利用 RoomAlive 技术开发了 AR 医疗教育系统——Augmented Studio 项目。利用 RoomAlive 技术将人体骨架和肌肉模型投影到人身上，并能追踪人的运动。

物理治疗学生常常难以将教科书上的解剖学知识转化为对现实生活中患者身体运动机制的动态理解。Augmented Studio 是一个增强现实系统，使用身体跟踪来投射解剖结构和对移动身体的注释，以帮助物理治疗教育，即通过投影实现增强功能，从而在身体移动时实时显示肌肉和骨骼等解剖信息。在使用 Augmented Studio 时，学习和教学体验更具吸引力，师生之间的交流也增加了。

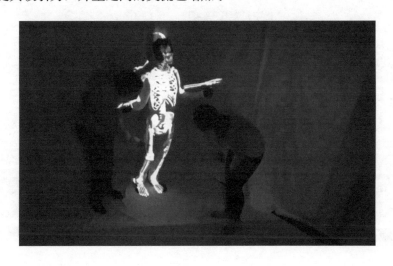

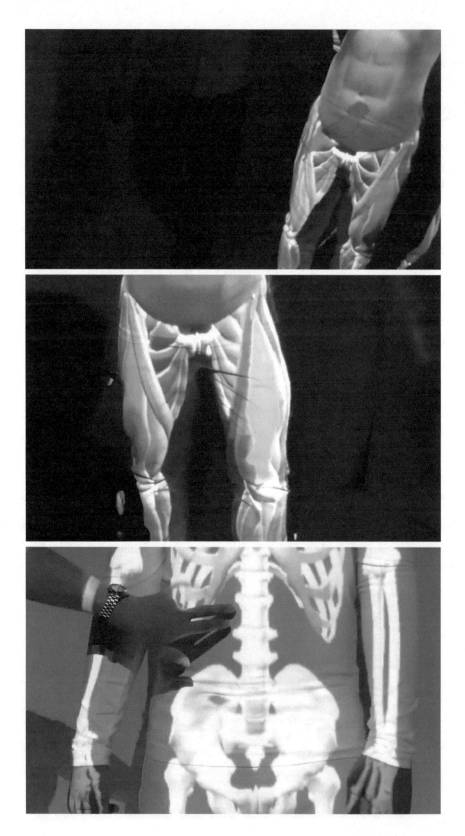

案例 7-25　医学 3D 全息图（2013）　作者：RealView Imaging

　　以色列公司 RealView Imaging 开创了交互式实时全息技术，为医学成像应用打开了一个新维度。该公司专有的 Digital Light Shaping 技术为医生提供了独特的自然用户体验，创造了准确的、触手可及的 3D 全息图，使身体部位图像以漂浮形式投影在特定位置，如查看冠状动脉空间关系，优势在于避免对器官或者血管产生不必要的压力，可以让"器官"直接出现在人们面前。

　　2013 年，RealView Imaging 曾和飞利浦健康合作，将 3D 全息投影与"介入性心脏病科"结合在一起。医生能够利用触控笔或双手直接控制影像，如放大、缩小、标记、转圈。它的图像数据来源于合作的健康系统，可通过旋转型 X 射线探测仪与计算机相连，给出对应器官或血管的清晰实时投影。

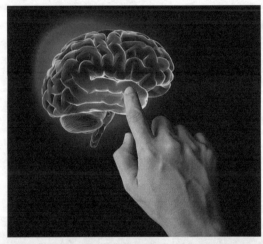

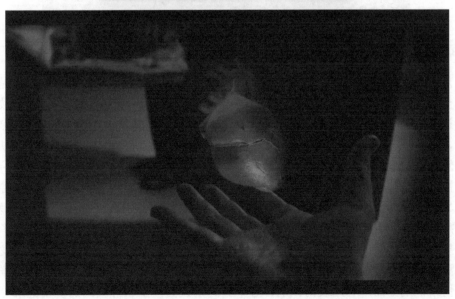

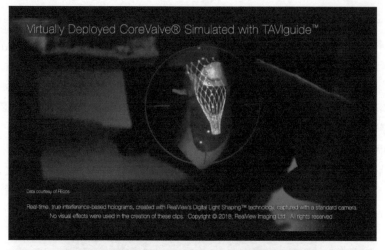

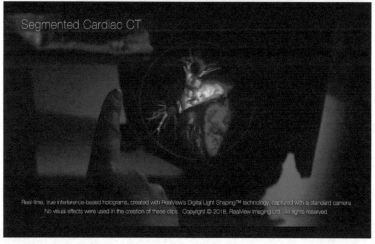

7.4.2 艺术疗愈

艺术疗愈是结合创造性艺术表达和心理治疗的助人专业。艺术疗愈工作者提供一个安全而完善的空间，与案主建立互信的治疗关系；在治疗关系中，透过艺术媒介，从事视觉心象的创造性艺术表达，借此心象反映整个人的发展、能力、人格、兴趣、意念、潜意识与内心的情感状态。在治疗关系中的表达经验和作品呈现出来的反馈，具有发展（成长）、预防、诊断和治疗功能。个人情感、问题、潜能与潜意识在治疗关系中被发掘与体悟，进而得以解决与处理，帮助案主自我了解、调和情绪、改善社会技能、提升行为管理和问题解决的能力，促进自我转变与成长、人格统整及潜能发展。艺术疗愈的方式有绘画、音乐及心理等，也有人尝试使用新技术手段。例如，毕业于英国皇家艺术学院的张哲源团队融合计算机算法、心理学及设计等多个学科研发了一套沉浸式艺术疗愈系统，提供改善情绪、提高心理健康的交互式艺术体验。在非介入性的情绪识别方面，利用表情识别、心率等健康数据甚至软件应用的使用记录等数据检测情绪。通过设计的审美体验产生情绪影响，最终帮助案主调节、控制、表达情绪并增加对自己情绪的理解力与接受力。学会接受自己的情绪、理解情绪的复杂性，并尝试用正确的方式去控制、改变、表达情绪是每个人都应具有的本领。他们希望通过有效的设计，为大家提供更多的提升心理健康的可能性。

案例 7-26　交互式 LED 数字艺术墙 LUMES　作者：Eness，DesignInc Studio

　　澳大利亚墨尔本卡布里尼医院的 LUMES 是一面有特色的交互式数字艺术墙，在意想不到的环境中迎接观众的幸福时刻。梦幻般的图形位于卡布里尼医院儿科病房的入口处，让儿童、患者和工作人员感到愉悦。儿童的移动及与墙壁的接触会触发风景和动物的动画，树枝上的猫头鹰依偎在闪烁的夜空下，玩具飞机和火箭在指尖下显现，让孩子们感到开心。LUMES 是一种发光墙系统，可与周围的建筑融为一体，并以清晰的色彩形式展现内容，旨在积极影响空间的情绪和氛围。这是通过精心配置的照度级别、较慢的动画速度、精致的色彩质量及为每个独特空间的特定人群定制的图形和动画实现的。

案例 7-27 OMI 交互式投影系统

OMI 交互式投影系统是一个运动激活便携式投影仪，可为老年人（和痴呆患者）提供丰富且刺激的活动。OMI Interactive 投影仪使用游戏、测验、图像和音乐来刺激认知和社会参与，鼓励身体活动并减少冷漠感、压力和焦虑。使用 OMI 交互式投影系统的好处是，拥有更好的社交和健康情绪，对身体能力产生积极影响，积极参加社交和减少孤独感，有助于改善人际关系，提高幸福感并改善情绪稳定性。

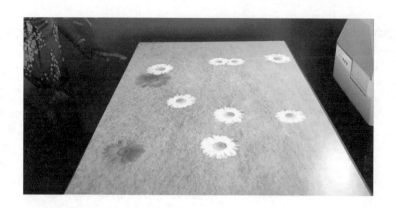

7.4.3　儿童体验馆

不同于学校教育，儿童体验馆营造逼真场景和轻松氛围，让儿童接触实物，亲自动手操作并参与身体互动，促使儿童思维多元发散，塑造自我潜能。儿童体验馆的主要目的是为儿童营造一个认识世界、触摸世界、畅想世界又容易理解的空间场景。在一个愉悦、自由、互动的教育环境下，儿童可以尽情发挥想象、自由表达、交流合作，用自己的方式去感受世界、表达世界，无须担心预设认知框架，这样的环境更容易发挥儿童教育的独特价值，即培养兴趣、合作精神，提升创造力、想象力等。因此，与之相关的空间组织和设计、尺度、材料、技术、呈现方式、色彩、文化元素都需要适合儿童心理、生理、认知的特色需求。而互动投影、虚拟现实、人工智能等先进技术的介入将大大提高实现这种需求的可能性。

案例 7-28　*彩绘海洋（2020）*　作者：teamLab

彩绘海洋是 teamLab 创作的互动作品。观众在纸上随意描绘鱼的图案，随后图案经过扫描，其中描绘的鱼会加入投影的海洋里。当观众触碰到投影中游动的鱼时，被触碰的鱼会马上逃跑；当观众触碰到饵食的袋子时，袋子里的饵食会让鱼儿们饱餐一顿。有时鱼会游出这个房间，越过其他作品的边界，在美术馆里尽情遨游。

案例 7-29　Connected Worlds　作者：Design I/O

  Connected Worlds 是由 Design I/O 创意团队为纽约科学馆开发的大型互动生态装置。该装置由 6 个独特的栖息地组成，分布在大厅的墙壁上，由一个面积约 186 平方米的互动地板和一个近 14 米高的瀑布连接在一起。孩子们可以使用物理原木将流过地板的水从瀑布转移到不同的栖息地，即通过移动障碍物的方式改变水的流向，将水引导到各个栖息地，在那里种植他们选择的种子。随着栖息地上的开花，他们可以直观地感受到植物的生长。生物会根据环境的健康状况和生长在其中的植物类型而出现。如果有多个栖息地是健康的，生物将在它们之间迁移，从而引起有趣的连锁反应。

  Design I/O 将 Connected Worlds 的每个栖息地都运行在一个单独的设备上，整个运行过程使用了 8 台 MacBook Pro 设备。全场共有 15 台投影仪，其中 7 台用于地面，6 台用于墙面，2 台用于瀑布，以保障观众互动体验的流畅度，感受该项目带来的独特体验。

  Connected Worlds 旨在鼓励采用系统思维方法实现可持续性，在其中一个环境的本地行动可能会产生全球性后果。观众在装置中只能使用固定量的水，并且必须共同努力管理和分配不同环境中的水。云将水从环境中返回给瀑布，下雨时瀑布将水释放到地板上。孩子们参与自然的进程，了解大自然的运作规律。

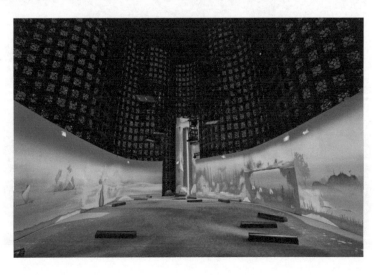

7.4.4　博物馆

博物馆是一个地区甚至国家文明发展程度的重要标志，不仅是具有文物标本收藏、展示、研究等功能的文化机构，也是面向社会、服务公众的文化教育机构和信息资料咨询机构。

博物馆的数字化是指运用计算机技术、网络技术、多媒体技术等把博物馆的收藏、研究、展示、娱乐及教育等功能用数字化的方式展示出来，如利用虚拟现实技术里的立体显示系统将现实存在的实体博物馆用 3D 方式完整呈现为互联网上的数字博物馆，提供关于视觉、触觉、听觉等感官的模拟，让观众如同身临其境一般，拥有多角度观察对象、多感官全方位了解对象的机会，鼓励并支持观众进行自我知识构建。同时，也使信息的传播生动且易于理解，拉近了博物馆与观众之间的距离。在信息化保护与展示方面，虚拟现实技术为文物的保护、修复及研究提供了新的方法与技术支持。

🔅 **案例 7-30**　Planet Ice：冰河世纪的奥秘（2020）　作者：Moment Factory

"Planet Ice：冰河世纪的奥秘"是 Moment Factory 为加拿大自然博物馆打造的沉浸式展览。为了创建一种新的访客联系和参与方式，Moment Factory 与加拿大自然博物馆的设计团队合作，集成了两个装置，用于鼓励观众积极参与。展览设有 5 个主题区域，它们深入研究了历史，展示冷和冰如何塑造人类及其周围的世界。为了支持加拿大自然博物馆的教育目标，团队邀请观众揭示白雪皑皑的数字景观中灭绝动物的存在。为了激发观众发现并与灭绝的动物联系起来，3D 动画和生成的声音使美洲狮和猛犸象栩栩如生。装置融合了非接触式多媒体技术，将观众沉浸在数字冬季环境中，而其身体动作则控制着视觉和听觉景象。

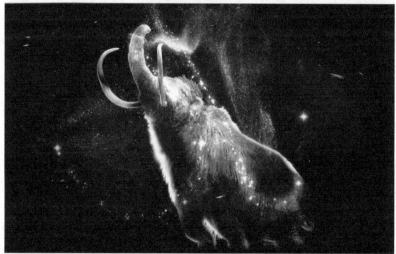

案例 7-31　　北极历险记：沉浸式展览（2020）　作者：Moment Factory

　　波士顿科学博物馆是世界上最大的科学中心之一，邀请 Moment Factory 合作开发了"北极历险记：沉浸式展览"，希望通过生动的内容和互动工具创造出引人入胜的展览体验，以增强学习来突破展览设计的界限。展览包括 4 个区域，使观众沉浸在令人敬畏的环境中，生成的实时内容经微调可以改变从日光色泽、动物行为到时令的一切。在穿越一个冰洞后，观众扮演北极科学家的角色，使用各种交互工具来定位动物并分析冰芯，从而发现有关气候的历史和健康状况的证据。观众还可以尝试穿越一个虚拟的冰原，同时躲避地下裂隙，并获得实时反馈的帮助。Moment Factory 称这些探险可以通过多感官互动体验激发人们对科学的终生热爱。

3D Mapping 光影艺术设计